U0311270

环境艺术设计
手绘表现技法

Techniques
of
hand-painting
of
environmental
art design

赵廼龙 编著

清華大学出版社
北京

内 容 简 介

手绘表现图作为有别于纯绘画表现的画种，有着与纯绘画表现相通的共性，既要运用素描和色彩的原理表现景物对象，同时又有自身的表现技巧和要求。本书的基本内容就是围绕这个主线，就此展开了纵向和横向的分析和介绍，其核心内容就是如何在设计活动中正确理解手绘表现的价值作用以及技法表现介绍及运用。

本书共分 6 章，对手绘表现图进行了较为全面和深入的描述，内容包括手绘表现方面的综述、形态塑造与思维表达、手绘表现图的基础原理与原则、表现图的表现元素、表现图的基础训练、设计表现图分类技法等。

本书内容丰富，语言简洁，适合各大院校环境艺术、城市规划、园林等专业的学生使用，又可作为在校学生的自学参考用书。

图书在版编目(CIP)数据

环境艺术设计手绘表现技法 / 赵廼龙　编著.—北京：清华大学出版社，2015
(高等院校环境艺术设计专业系列教材)
ISBN 978-7-302-38724-4

Ⅰ.①环… Ⅱ.①赵… Ⅲ.①环境设计—绘画技法—高等学校—教材 Ⅳ.①TU-856

中国版本图书馆CIP数据核字(2014)第284037号

责任编辑：李　磊
封面设计：王　晨
责任校对：曹　阳
责任印制：何　芊

出版发行：清华大学出版社
　　　　　网　　　址：http://www.tup.com.cn，http://www.wqbook.com
　　　　　地　　　址：北京清华大学学研大厦A座　　　　　邮　　编：100084
　　　　　社 总 机：010-62770175　　　　　　　　　　　邮　　购：010-62786544
　　　　　投稿与读者服务：010-62776969，c-service@tup.tsinghua.edu.cn
　　　　　质 量 反 馈：010-62772015，zhiliang@tup.tsinghua.edu.cn
印 装 者：北京亿浓世纪彩色印刷有限公司
经　　销：全国新华书店
开　　本：190mm×260mm　　　印　　张：11.5　　　字　　数：301千字
版　　次：2015年5月第1版　　　　　　　　　　　印　　次：2015年5月第1次印刷
印　　数：1~3000
定　　价：48.00元

产品编号：057969-01

序

由清华大学出版社组稿的高等院校环境艺术设计专业系列教材终于出版了。

该系列教材以"大艺术观"的独特视角，全面而系统地对相关专业内容进行了艺术设计特色的论述。

所谓"大艺术"，它包含两方面的内容。其一，高质量的生活是艺术。其二，高科技含量的生产也是艺术。这就完整地涵盖了人类生活的衣、食、住、行、用等各个方面，每一件与人休戚相关的产品以及产品的生产过程全都可能成为艺术。

而该系列教材所涉及的环境设计内容恰恰是"住"的宏观艺术设计。所以教材必须要教给学生新的观念、概念设计原理与现代设计理念。

何谓概念设计？即敢于提出前人未曾提出过的全新理念。所谓"全新"就是要有突破极限的勇气，其中主要是新技术和新材料的创新、设计极限的突破与创新等。

所以在讲述欧洲建筑艺术简史的教材中就突出了一条核心主线，即新材料是建筑发展史中最根本的因素，也是最活跃的因素。新材料催生了新的建筑结构的诞生，也促进了施工技术的发展。新材料必定产生与之相适应的新结构，这也必定会出现新的建筑造型与建筑文化，同时也产生了与新材料相适应的新的装饰手法。

建筑可以说是一切艺术的载体，它体现了不同的材质文化、审美文化、民族文化的特征，这样才会产生千变万化的不同地域文化。对于那些片面强调建筑是技术的观点要进行批判，要让学生树立建筑是造型艺术的观念，同时让学生了解任何有强大生命力的艺术形式必定是与当时当地的物质技术条件结合的最完美的优秀形式。所以任何一座伟大的建筑不是哪一个天才人物随心所欲地设计出来的。设计师要受到物质技术条件的制约，要教育学生不能将建筑设计当成纯艺术来进行随心所欲的设计。如果这种思想泛滥，将会产生许许多多的不负责任的、乱七八糟的建筑垃圾！

人类的"住"文化就是大艺术理念的体现。建筑是艺术，园林设计、景观设计和室内设计同样也是艺术。它们都是在现代设计理念的指导下进行设计。

中国古建筑之所以在世界建筑中占有重要的一席之地，自有其道理。中国古建筑的主材是木材，由于木材的结构性能与加工特点，形成了中国古建筑独特的造型特点，即轻盈、玲珑剔透、舒展大方。中国古建筑之美体现在屋顶之美、构架之美、屋面曲线之美、檐口曲线之美、翼角之美、装修彩绘之美等。要让学生对中国古建筑之美有理性的认知，这样将来在设计中可最大限度地消灭许多假古董和伪古建筑。

园林设计中的艺术含量是极高的，尤其中国园林设计是融诗、书、画于一体的综合艺术形式。园林设计是情的设计，设计师应善于采用寄情于景的设计手法，让游园的人能触景生情，通过置身于景中的人而从景中生出情来。这一因果的形成，设计师没有高深的文化与艺术修养是绝对不行的。组景要有极高的绘画构图能力，游览路线的设计要体现人性化，要有流通空间理论的认知原则，所以该教材突出了一个"情"字，落实一个"美"字。

景观设计的理念与园林设计极为相近，在该教材中突出了综合设计理念与现代审美理念问题。综合设计理念中主要提出了两个原则，一是不能破坏生态平衡，二是要体现人性化设计，尤其突出了为儿童、残障人士设计的原则，还提出了景观家具的设计原则。现代设计一定要体现现代审美情趣，其中主要体现工业技术美与机器加工美，即材料的固有美、加工技术美、肌理美和固有色之美，这样才能真正体现出现代设计之美。

室内设计也是主要体现空间构成与空间组合之美，这需要有较高的抽象思维能力，尤其要理解现代空间设计的全新理念，即流通空间设计的原理、虚拟空间的设计理念，同时还要理解建筑构建装修的美学原理，又要学习室内陈设设计、室内照明设计、室内绿化设计的艺术原理。这都是目前比较前沿的新理念，必须在教材中体现出来。这要求设计师全面提升自身的文化与艺术修养，这更进一步证明了设计是大艺术不可分割的一部分。

展示业是当今科学、文化、艺术、商业领域中不可或缺的一行，是社会发展的重要环节，其艺术含量也是不可忽视的。展示设计是文化创意的开发，创意所指哪些内容呢？就是培养社会应用与管理型人才，注重教学，使设计与社会实际需求相结合，就是如何合理、有效地将产品转变成商品，进而将商品转变成用户的用品。这是多学科的综合，它包含经济学、管理学、广告学、公共关系学、CI策划、展示设计等多学科的交融。该教材的教学内容主要包括展示的文化创意设计、标志的文化创意与设计、展示的版面设计与展示道具设计等内容。

关于环境艺术设计手绘表现技法和钢笔建筑画技法这两本教材，主要是要解决两个重要问题。一是培养学生快速表现设计的意图，二是极大提高学生的艺术品位与艺术修养。如果学生没有一定的手绘表达设计意图的能力，那我们的教育可以肯定地说，那是非常失败的！如果我们培养的设计师连最基本的表达能力都不具备，这样的设计师是不合格的。要想成为合格的设计师，必须在极短的时间内将设计意图比较完整地表达出来，这就要求培养学生极强的造型能力。所以教材从最基本的点、线、面等要素入手，循序渐进地提高学生的绘画能力，培养学生的设计准确表达能力。

该系列教材重点突出了艺术设计中的艺术内涵，让学生真正理解"大艺术"在现代设计中的重要地位。高质量的生活就是艺术！

天津美术学院

朱小平

2015 年 1 月 18 日于艺匠斋

前 言

环境设计的完整过程是将精神文明转化为物质文明的过程，在这个过程中设计表达无疑是至关重要的一个环节，而在我们的专业设计活动中，设计语言和设计表达也是决定设计和实施成败的关键。也就是说，设计语言必须要通过表达这一途径来充分地展现本身的设计意图，并成为设计实施的指导标准。由此可见，设计表达在设计过程中有何等重要的职责，同时每一位设计师都以此作为设计工作的必备手段。

一个设计方案的构思确定以后，必须要通过表现力强、具有直观性的方式把信息传递给观者，这就是设计表达。设计表达的作用是有利于表现设计方案，进而研究、调整设计方案，最终形成实施的设计方案。通常情况下，专业设计的表达方式采用图形图示、模型表达或视频技术。这些表达手段可综合使用，也可独立运用。

在诸多的设计表达方式中，手绘设计表达无疑是最便捷、最抒情、最宽泛的一种方式，但它要求有较高的艺术表现素养和表现技术。而本书有关表现技法的内容，也是基于手绘表现技法多样性的特点，力求在广度和深度上予以全面的介绍，其目的就是想让大家更准确地了解和理解手绘表现在专业设计中所起到的重要作用，正确认识手绘表现仍然是服务于专业设计过程的重要一员。

第1章是有关手绘表现方面的综述，深入浅出地阐述了手绘表现在设计活动中的价值作用。一方面，通过一些名家简介和设计实例，分析了手绘表现的内涵和功效。另一方面，从教学和实践等方面的需求出发，分析了实际运用方面的问题。

第2和3章内容全面地介绍了有关手绘表现的基础性问题。在这两章中，分别就绘画基础的素描、速写和色彩等方面与专业手绘表现进行了深度分析，而且对手绘表现中的专业透视原理、构图关系、视角关系等方面进行了详细介绍。

第4和5章内容主要以专业手绘表现图的基础训练为框架予以介绍，从表现对象和表现材质的认知到具体表现形式，都做了较为详尽的特点分析，并对其表现要点予以说明。同时还重点介绍了专业表现图的训练程序与方法，包括线的练习和色彩的运用，选用了大量的示范图例加以直观的比较和认知。

第6章主要对多种专业设计表现技法进行系统而全面的介绍，某种意义上也是对手绘表现的发展历程做了详尽的回顾。内容涵盖水粉和水彩表现技法、线框淡彩表现技法、喷绘表现技法，以及目前多用的马克笔快速表现技法等。另外对一些不常使用的技法，如彩铅、素描表现技法等也逐一进行了详述。

在本书的编写过程中，选取了一些图例图片，有署名作者的图例、没有署名作者的图例，除了笔者的习作和专为本书所创作的专稿外，其余选自相关的文献和画册，还有网络资料，以及笔者日常的教学资料，其中一些是天津美术学院环境设计系几届学生的课堂完成作业。在此，笔者对于大家的支持表示衷心的感谢！

本书由赵洒龙编著，在成书的过程中，朱小平、朱丹、王金麟、王钫、董薇、朱彤、卢雲、任海澜、张志辉也参与了本书的编写工作。由于笔者精力和能力所限，书中难免会有不足之处，敬请广大读者批评指正。

本书的PPT课件请到http://www.tupwk.com.cn/downpage下载。

编 者

目录

第1章 综 述

第2章 形态塑造与思维表达

第3章 手绘表现图的基础原理与原则

第 1 章

综 述

环境设计专业发展到今天，可以说在各个方面都已经达到一个相对稳定和成熟的阶段。众多灵动的专业表现语言体现着新的设计理念，由此出现了丰富多彩的发展态势，环艺设计领域中呈现着生机勃勃的景象。不仅如此，在这一领域的工作过程中，也形成了规范化、系统化和清晰化的新格局。

1.1 关于设计表达与设计表现

环境设计过程是通过几个环节来完成的，其中设计语言和设计表达是决定设计成败的关键。每个设计师都以此作为设计工作的重中之重。因此，设计师要表达什么内容就成为我们关注的问题。所谓设计表达重要的方式之一就是通过图像、图形来表现设计概念和设计意图的视觉传递技术。设计师用这个图示来与大家分享和描述他设计的过程就是设计表现。

1.1.1 设计表达中的设计表现

在环境设计过程中，设计表达重要的环节之一是设计表现，而设计表达和设计表现两者其实并不是一个层面的内容。尽管如此，它们是相互关联、相互作用的。

准确地说，设计表现在设计活动过程中作为表现技能和方式，在设计过程中履行着"设计再现"的职能，它具有辅助设计与展现设计的重要作用。设计者通过设计表现这种直观的方式，一是，对自己的设计方案进行有效调整和完善，在一个完整的设计过程中，每个阶段性的方案调整都需要有足量的图示表现来辅助完成，由于有了设计表现的手段，就利于在设计过程中发现和改进设计的不足与问题，从而提升设计作品的质量水平，这也是设计表现重要作用的一个方面。二是，与委托方、施工方面对面地阐述自己的设计意图。设计表现作为设计表达的主要手段，是设计师与业主之间进行交流的最直观、有效的方式。一个赏心悦目、具有很强的艺术感染力、表达精确的设计表现作品，有助于设计的审定，这是其功能价值的另一方面。因此，可以说设计表现是服务于设计过程之中的。

而设计表达应是建立在设计表现基础之上的。就专业设计而言，它具有更为深刻、更有宽泛内涵的表达意义。从所表达的内容上看，除了准确表现出空间环境及环境之内的物品等具体形态之外，还要在这些形态的表现基础上，将蕴含着尺度、比例、质感、环境、空间等相互关系的设计意向表达清楚，综合地体现出空间意境塑造等专业设计语言因素，浓缩了全部的设计思维过程和结果，可以说设计表达是设计思维的表达。图1-1所示为概念草图。

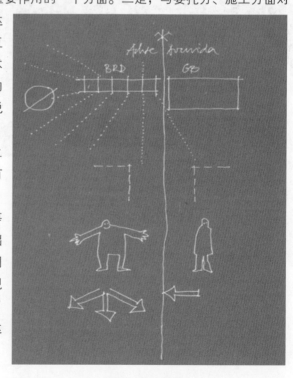

图1-1　概念草图

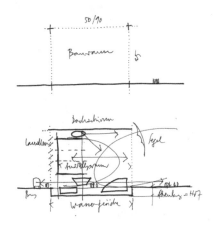 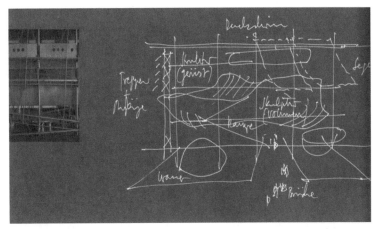

图 1-1　概念草图（续）

如此看来，设计表现从属于设计表达，设计表达不仅影响着设计表现，更主要的是它要依托于设计表现。两者虽不在一个层面，但它们必然是交织在一起的，形成"思维→表现→思维→表现→思维→设计表达"这样的重复规律。

1.1.2　设计表现的手段和方式

要想做好环境设计表达就必须明确要表达什么，这是毋庸置疑的。也就是必须用合理、恰当、有效的表现手段和方式，将设计中具象的、内涵的内容统统表达出来。那么，从这一点上看，作为环境设计表达，单一的外在表现方式是远远不够的。如果定义设计表达的全部，应该是与设计有关的语言表达和视觉表达两大层面的内容，而非语言的视觉表达包括图形图示、模型和视频。那么，本书的核心内容就是图形图示中的手绘设计表现。

随着环境设计发展，设计表现的要求越发宽泛和重要，这一局面也促使设计表现方式和手段的改变。其一，模型制作不仅能进行方案表达，同时设计工作模型也介入到设计过程之中，已被更多的专业设计人员所接纳和使用。模型是设计过程及设计表达的表现手段之一，如图 1-2 所示。其二，计算机辅助设计的加入，大大地改善了设计表现的能力和效率，它可以在平面上建模并可任意变换各种不同的角度，如果利用视频技术，其效果会更佳。因此，它成为专业设计过程中不可或缺的表现手段之一，如图 1-3 所示。其三，手绘设计表现是传统的表达方式和技能手段，它以朴实与率真的性格特征，在设计过程中发挥着重要的作用，手绘表现不可否认地成为设计活动过程中重要的表现手段之一，如图 1-4 所示。

总之，设计的表达需要思维的内力和外在的表现来支撑，不同的表现方式都有其自身的特点和优势，在实际的运用中，我们一定要抓住各种表现方式的效能和特质，将其发挥到最佳状态。而今，对于手绘设计表现来说，它的外在效能和作用可以说是变化很大的。而其长盛不衰的地位又说明了什么？这值得我们认真地思考和研究。那么，对手绘设计表现在设计中的效能和作用，就必须要有深层次的再认识。

图 1-2　模型表现

图 1-3　计算机表现

图 1-4　手绘表现

1.2　感悟手绘设计表现

在如今的专业设计过程中，用外在的手绘表现手段来表达设计已不是唯一的方式了，而它是否有所转换？还是它的内在作用没有被我们发觉或被我们忽略？我们需要细细地加以深层次的分析。

对于任何事物的认知，总是要有从感性到理性的认识过程，而后才能够充分地发挥其作用。对于手绘设计表现的认知也不例外。我们只有正确地认知它的本质属性与效能作用，才会体味出其应有的价值内容，进而合理地实践运用。

1.2.1　手绘设计表现图

手绘设计表现图是一个特定的画种，因为它具有实用性的特征，并兼有绘画和设计的多重性，服务于特定的实用目的，从而形成了自身独特而鲜明的表现形式，它要面对更广泛的观众群。作为这样一个画种，具备一定的美术基础和绘画技能是最基本的要求，这样才能使其更形象、更具体、更生动地表达设计意图和构思。

之所以要有一定的美术基础和绘画技能，是因为专业表现图与绘画有着许多共性的方面。手绘表现图塑造空间物体的原理与绘画的表现原理相似，如通过专业透视塑造空间尺度及物体的形体比例，通过素描原理和色彩原理表现物体亮面、暗面、投影、色彩、质感等塑造物体的立体真实感，如图 1-5 和图 1-6 所示。

图 1-5　色彩表现

图 1-6　素描表现

谈到表现共性的同时，又会明显地发觉手绘表现图的确是有别于其他绘画艺术表现的独特画种，其中，功能上有着一定的差异。纯绘画作品是艺术家个人思想感情的表露，多以艺术家个人为中心，展现审美情趣和形式美感的偏爱，相对而言这样比较个体化，艺术家在绘画时并不在乎他人的感受和认可而显现出可爱的"单纯"，如图 1-7 所示。手绘表现图的最终目的是表达设计师的设计意图，并使观者能认可你的设计，清楚地了解你的设计，它更在意他人的感受和认可，为此甚至丢掉自己的某种偏好。此外，手绘表现图是可以用多种绘画手段进行设计表现的，表现中不拘泥于某个画种的规则要求。

图 1-7 大师的绘画艺术表现

了解手绘表现图这一画种的特征后，我们就可以很清楚地知道它的功能及用途的独特之处，那么在学习的过程中，如何掌握表现图的技巧方法及其努力的目标方向就会一清二楚了。究竟它的要求又是什么呢？就是生动性和真实性，如图 1-8 和图 1-9 所示。

首先，我们要养成观察物体（形态、质感、色彩）的习惯，关注环境空间的气氛，由此得到感官上的体验和认识上的理解。随之，就是加强表现对象的概括能力训练。具体来说就是，表现力的源泉应是对自然景象的观察、认识。在表现的过程中，是观察思考后提炼概括写"意"的过程。专业表现图的实用性，要求其应是快捷并具操作性，用简练的笔墨表达出完整的设计，因此是高度概括的绘画。抓住物体的特征要素非常关键，应达到笔笔有"意"、以少胜多的境界。

图1-8　手绘表现的生动性

图1-9　手绘表现的真实性

　　总之，作为手绘表现图要求忠于实际空间，画面要简洁、概括、统一，在表现的过程中要有一定程式化的画法。

1.2.2　手绘设计表现图的巨大功效

　　伴随着行业进步而发展的手绘设计表现图，而今在环境设计活动中究竟会是怎样的角色、它的价值与作用又是什么？这的确值得我们从业人员认真地思考和研究。作为设计表现重要手段之一的手绘表现图，在环境设计活动中它的存在可以看成是实态功效和隐性功效并存的。

1. 形态表达的实态功效

追溯对环艺设计手绘表现图的认知，对于每一位学习者来说，都会经历从建筑速写、专业透视、效果图表现、专业设计等课程学习的历练过程。在这个过程中慢慢地体味"手绘"的精髓，感受着其无尽的魅力。

在了解手绘表现图的感性阶段，总是无法摆脱美术中的素描关系、色彩关系概念，兴趣点是单一和片面的，欣赏的也只是环境、物体表现力的优劣，似乎效果图只是将眼睛"看"到的环境与物体表现完美就是好图，也曾经有过以表现能力的高低来确认设计水平的观点。而手绘表现图必须是由具有绘画艺术造诣的人来完成的，从来不曾想过其他。其实，这只是手绘设计图在设计中必然存在的实态功效。

进一步理解会发现，专业设计表现图不仅存在透视视角、构图、素描、色彩关系等这些绘画基础的表现要求。还要通过这些内容的表现表达出设计思维的内涵，要表达材料工艺、环境空间构成关系、美学元素等。于是乎隐约地悟出效果图还要将专业特征与专业要求显现在手绘表现中，就是说还要有"心灵"的释放。

2. 形态表达的隐性功效

随着时间的推移，渐渐地清晰理解了要表达的设计内容含义。那么，对于手绘设计表现图，笔者认为从感性的了解到思维的理解这一过程，正是成长中重要的环节和条件。一方面，这一活动过程是由眼睛的"看"转到思维的"悟"，继而用手将"心灵"表达出来，可以说这一过程的体验是美妙的、富有情感的。我们从中深刻地认识到，手绘设计表现图同时具有设计的空间环境表现和设计的心灵表达的双重要求和意义。它与手绘训练的过程是极其吻合的。反之，这一过程的认识又对技能和技艺的提高有着指导的作用。这表明了绘画与艺术设计之间的关系是如此的紧密。由此可见，单单会画图还不行，还要把图画得漂亮，画出内涵才能做出好的设计来。而在这一表现的过程中，自然而然地形成了不同类型的风格特征。

而从另一方面分析，一个人从眼到脑再到手的循环距离是最短的，也是最真实的。既然如此，就专业设计表现而言，选择"手绘"不仅是明智之举，而且也是最恰当的。由此也证明了手绘表达有多么重要。之所以重要，就是手绘表现图无论是外在的表象，还是内在的情感，这些综合性的表达，都是其他方式所无法替代的。它在设计活动过程中，是设计者心灵表达的最佳途径和重要方式之一。

围绕这个意义来说，我们还会发现众多设计艺术大师们因何具有高深的艺术功力和手绘表现风采，从而也明确地印证了"艺术"造就了设计"大师"品质的规律。的确，在手绘发展的现实中，每个时期都涌现出很多手绘大师或名家，他们都有着各自的手绘绝技，同时也的确都是设计领域里出类拔萃的佼佼者。由此可以肯定地说，手绘表现训练是最直接的艺术品质的修炼，它必然会促进专业设计的创意思维和内在的艺术修养，这也是形成设计概念的前提和基础，如此才能更好地表达，或许这就是手绘表现训练功能和作用的真谛。

如此看来，手绘表达的效能和作用绝不仅仅只是外在的表现，还有很多内在隐性的成分存在，有待我们认识后的再认识。如图 1-10 至图 1-16 所示，从中来逐一欣赏这些名家的设计表现之风采。

图 1-10　朱小平手绘表现作品

图 1-11　李炳训手绘表现作品

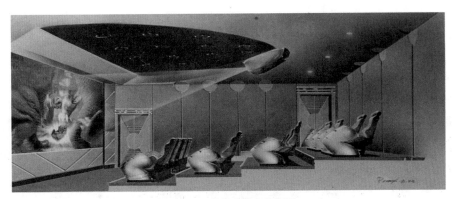

图 1-12　彭军手绘表现作品

图 1-13　刘杰手绘表现作品

图 1-14　郭去尘手绘表现作品

图 1-15 夏克梁手绘表现作品

图 1-16 刘杰手绘表现作品

1.2.3 手绘设计表现图的无尽魅力

随着理解和认识的不断清晰和深入，谈到手绘内在的隐性，就不得不提到所谓艺术和设计及技能之间的关联性。由此我们也会自然而然地对手绘产生更多的联想。

1. "艺术"特质需要手绘历练

被誉为"用笔和尺"建造了许多华丽宫殿的华裔建筑大师贝聿铭先生曾经说过："建筑和艺术虽然有所不同，但实质上是一致的，我的目标是寻求二者的和谐统一。"正是这种追求造就了这位艺术大师。所以，要认识这个问题，我们首先要认清专业设计具有明确的"艺术"特征这一点，这是环境设计必有的艺术特质。而从艺术狭义的美学法则范畴来看，那些所谓"时尚"、"新奇"甚至"离奇"的不落俗套并不代表或不完全代表这一特质。而手绘却是地地道道的艺术范畴之内的一份子，它依赖于美学艺术原理的支撑。很难想象出不会画或画得不好还能搞出好的艺术设计来，这也许有些偏激，但最起码要与非艺术设计的"从业者"有着本质上的区别。而真的能做艺术设计的群体有这么庞大吗？因此，作为纯正的职业艺术设计工作者，艺术设计的品质和自身修养是最基本的标志。那么，掌握手绘技能是必修的一门功课，是最基本的底线标准，也是设计艺术的基本要求。就是说艺术设计领域不具备艺术特质的情况出现乃是硬伤，是潜在的威胁，是不利于艺术设计健康发展的，我们要对得起"艺术设计"这个称谓。

2. 手绘表现的隐性内功

毋庸置疑，手绘表现无论是从哪个方面来说，都具有很高的艺术价值。反之，手绘表现需要绘画艺术造诣的支撑，这不仅仅是单纯的艺术表现，它不是表面的，恰恰这种艺术追求会对艺术性创作产生良性促进。这就是手绘表现隐性内功的价值所在。

3. 手绘表现魅力无穷

在漫长的手绘表现设计的发展过程中，每个阶段和不同时期，手绘表现作品都会以其独特的魅力，给人以美好的精神享受。对于那些优秀的手绘作品，在令人赏心悦目的同时，还陶醉在其充满情感的氛围中。细细品味这些风格迥异、多姿多彩的表现形式和手段，让人感受到纤细的精致、粗犷的洒脱、草图的灵动……真可谓尽显风流，如图1-17所示。

谈到手绘表现魅力，建筑大师安藤忠雄先生也曾动情地描述道："经由那只手所放出的光辉，绝不是数字化的现代设计过程所能产生的。"在谈及手绘草图时他说："我一直相信用手来绘制草图是有意义的。草图……与自我还有他人交流的一种方式，……将想法变成草图，然后又从图中得到启示……推敲着自己的构思，他的内心斗争和'手的痕迹'赋予了草图以生命力"。如图1-18所示为安藤先生的设计草图。由此，我们会悟出手绘表现的精髓与魅力。不仅安藤先生，许许多多的设计大家都是如此，像意大利建筑家伦佐·皮亚诺、美国建筑家雷法尔·维尼奥里等，他们的设计成就生动地诠释了手绘表现的无尽魅力，如图1-19和图1-20所示，分别为车站和剧院的设计草图。

图 1-17　多样的手绘表现风格

图 1-18　安藤忠雄设计草图

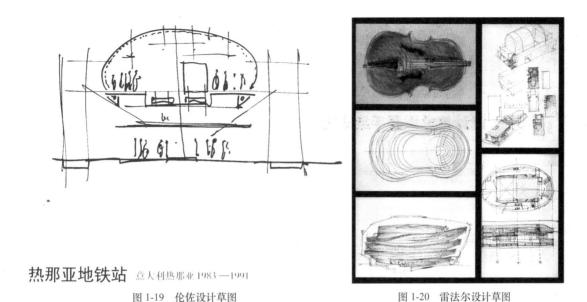

热那亚地铁站 意大利热那业 1983—1991

图 1-19　伦佐设计草图　　　　　　　　　　图 1-20　雷法尔设计草图

如此看来，这些艺术大师的风范明确地告诉我们，手绘具有更多的隐性内功，手绘表现具有鲜活的艺术设计感召力，有敏锐的设计思维推动力，手绘这种表达方式不仅没有退出舞台，还要以其崭新的姿态面貌，在设计领域中独领风骚，发挥着特有的、不可替代的功能和作用。

1.3　做好手绘表现图意义非凡

认识手绘表现的功能和作用，对于专业艺术设计会大有益处。当然在当今的专业设计实践中，虽然手绘表现手段是不可替代的，但也不是唯一的表达方式，计算机图形技术、视频技术、模型表达等，也都在专业设计领域里发挥着各自的作用。我们只有根据实际情况和专业特征需求，科学、恰当地运用手绘表现手段，才能使手绘表现以最佳的状态发挥其应有的作用。只有这样，才能真正意义地做好手绘表达。

1.3.1　挑战与机遇并存

从目前情况来看，我们不得不承认，在计算机制图技术运用于设计活动中的今天，原本传统的手绘外在表现方式的确有所削弱，同时，人们也从传统手绘劳作的辛苦中解脱出来，没有了喷绘的"乌烟瘴气"，也不必再去剪掉大画报上的人物贴到图纸上来烘托逼真的空间环境气氛。这一切外在的表现，对计算机技术来说会轻而易举做到。这就是手绘表现所面临的巨大挑战。

如果硬是将手绘图形表现与计算机图形表现进行比较和定义的话，那么通过前面的分析就可以得出手绘表现很清晰的答案。至于计算机图形表现我们也要简单进行分析，就是它具有机械的程序性、视觉的真实性、使用的灵活性、掌控的简便性以及范围的普及性，显现着超群的表现技术能力，单就外在的专业表现技术而言，手绘是望尘莫及的，确切地说它是由人来操控而被动的一种表现技术。然而，这里似乎所缺乏的是更具"艺术"感觉的灵性美。

相比较主动性的、更具表现技能意义的手绘表现，计算机图形表现技术是无与伦比的，但是，它也容易出现机械性制造出的雷同环境空间，而形成单调重复的冷漠情形。好在它毕竟是由人去掌控。相信只要操控者将艺术设计的修养和品位融入其中，便可自然地回避这种尴尬的窘境出现。而手绘所具有的才智性、朴素性、多样性会起到一种潜移默化的修补作用。那么，提高艺术修养和品质就会给手绘表现带来发展机遇。

1.3.2　设计教学需要手绘表现

就专业设计表现而言，简单的理解与认识是不够的。首先，在我们的专业设计教学中，还要再理解、再认识，达到一定的深度和高度。这是因为学校是培养艺术设计人才的最前沿阵地，手绘表现教学至关重要，其价值意义是显而易见的。

1. 设计概念培养

在我们的设计教育中，强化设计思维意识与培养艺术品质，必须要着力培养艺术感染力的表现，以及对建筑和环境空间的表达与设计思维能力，建立环境空间的概念，继而上升到培养对艺术设计塑造的能力。这就是说对设计艺术品质的修炼，必然要在手绘的训练过程中有所体现，反之，还要用艺术品质指导每一细节的表现训练，形成相互间作用的关系，这样的训练才会有提升意识水平的价值。此外，更多地涉猎其他或相关门类的艺术作品的艺术设计规律，例如平面设计及绘画艺术，从中找出设计规律与艺术表现的契合点。

用绘画原理、构成规律武装头脑，是我们专业设计的基础支点，也是实践中的戒尺，要用这样的思维方式审视环境艺术设计立体的空间环境关系。有了这些，我们的专业设计手绘表现就会水到渠成。

2. 训练构架合理

在手绘表现训练要求方面，掌握色彩的设计规律以及对各种材质和自然景物的认知是必修必会的。在培训教学中，要求学生尽可能地吸收各家之长，采用多种方式和方法进行手绘表现训练，重在表现绘画的基础原理关系，不能停留在表面的技法模仿，要追求个性化的表现风格，避免导致单一表现形式的情况出现。

与此同时，强化简明、快捷创意表现方法的训练，提倡多种方法、多种形式地进行专业设计手绘表现，逐步进入设计表现的模拟状态训练中。试想在综合表现中，以一个简单的设计课题形式来完成手绘表现，要求大家脱离单纯的表现临摹而自主进行，同步地融入设计含量在其中，让同学们迷茫的心理得到巨大的改善。这样的话，达到课程训练目标就指日可待。

从环境设计专业总体培训的过程来讲，不仅具有辐射面宽的多样性，同时还具有循序渐进的秩序性，而这一特征在基础技能训练的课程中尤为明显。在设计表现训练中，应按照其难易不同的梯次关系来编排、构建设计表现训练的总体框架，每个时段又有不同的训练内容要求，并且贯穿于设计表现训练的实践过程中，形成良性的循环过程。这样一来，训练成果就会显而易见的。

总体来说，环境设计就是在经营设计思维和设计表达，而手绘设计表现训练恰恰与之有着相辅相成的奇妙功效，这是设计教学需要手绘表现之所在，如图1-21和图1-22所示为教学作业。在教学实训中，以综合技法为基础，适时地进行专业方向的分类练习，其主要目的也是针对室内环境和景观环境的不同表现对象，从而加强对这些表现对象外在形态的了解和认识。训练要求和内容以阶段性的方式进行，要有目标性。例如，超写实训练的目的就是要静静而细细地体味环境空间及物体的形态质感的突出特点，从而为后期的提炼和概括做好充分的准备；还有临摹一些名家的表现作品，思索和体验表现图的绘制技法的无尽魅力；再有就是主动性的表现练习训练，这一阶段对于今后在技法表现上的走向极为关键，不仅仅是技法表现本身，对头脑中建立立体空间概念的思维意识同样也很重要，至少也要对设计的工作内容有一个形象化的理解，设计教学的确需要手绘表现。

图 1-21　室内设计表现图

图 1-22　景观设计表现图

图 1-22　景观设计表现图（续）

1.3.3　社会实践需要手绘表现

在专业设计实践中，涌现出许多行业里的设计大师、名家，在他们的成就背后都曾经历了手绘过程，并奉献了许多精彩的佳作。我们所看到的这些活跃在环境艺术设计领域里的手绘表现的能工巧匠们，正是他们都经历了系统的磨砺与积累，才成为如今的专业设计手绘表现和设计大师，这不是偶然的，想必他们都会有自己的心得。这也是手绘表现在设计实践中的价值意义所在。

环境艺术设计在由思想观念到物质实体转换实施的设计活动进程中，绝不是几张效果图就可以一了百了的，而是需要经过几个设计阶段才能完成最终的设计方案。同时，在每个阶段的进程中都需要使用恰当的表现方式，方可达到设计所要求的效果和目的。那么，在计算机数字化时代的今天，一个完整的设计过程中，手绘表现又会怎样用其独到的方式发挥不可替代的功能和作用呢？这也是用手绘设计表现方式来表达设计时值得思考的问题。

1. 设计程序

设计程序的阶段设计，一般的专业设计过程都要按照程序与步骤来完成，大致可分为背景分析、设计提案和设计步骤三个阶段。这样会为设计师提供进入创造性思维状态的框架、设计思路与程序，引导设计师多从本学科以外的相关学科的知识角度去思考和研究问题，确立设计概念和选择准确的课题设计切入点。

背景分析阶段主要是依据设计思路的框架，进行设计课题所在地区的走访、调查及资料的搜集整理，通过对地貌环境、建筑现状进行了解，听取使用者对功能方面的要求和意见，整理出有依据性的一手资料，作为自己的设计创意借鉴和灵感来源之一。这时应该有了意念性的设计构思了，而手绘出意念性的感受那就再恰当不过了，如图 1-23 所示为概念画。

图 1-23　设计师的概念画表现

设计提案阶段主要是依据之前的资料确定本设计课题的基本任务、设计目标与方向，为课题内容分类，类似于文章的提纲。

最后阶段便是设计步骤。具体过程是"设计概念与思想→设计对象相应要素分析→设计创意构思与获得的灵感→设计安排→设计完成及后期整理"，这是设计过程实质性操作阶段。

2. 实质性设计阶段与手绘表现

这一阶段在设计过程中，需要用很多表现方式来进行设计表达，其中需要使用大量的手绘表现进行表达。

首先是草案构思创意。在经过一系列的课题背景分析、调查、资料的搜集并明确了设计方向，建立了设计概念之后，设计师依据已掌握的情况进行草图方案设计并要求有鲜明的创造个性，表现出从平面布局、顶面、立面、局部重点区域空间及整体空间的图形。结合设计分析，以分析性的草案方式与业主沟通，并向其进行草案表述。草案的形成以手绘草图或草模型表达形式为最佳。

然后进一步修正与完善方案。经与使用者及其他方的讨论沟通，针对方案的品评和提出可行性意见，将其方案的优势与缺陷得以认定，并在设计方案中起到萌发灵感和引以为戒的作用，对方案进行修正与完善。该阶段要对设计报告书的文案部分、设计方案的表达部分（包括很多手绘表现）以及体现构思创意各个阶段过程进行归档工作。

完成设计方案。该阶段主要以方案效果的绘制为主，前提是需经使用者认定后的修改调整而形成的最终方案。表达的内容范围是确定各材料系列与选用；与该工程各专业及业主沟通配合，为施工图设计阶段做准备，确保设计方案的准确实施；设计实施的施工图设计与绘制；向使用者及工程施工部门做设计交底并提出要求。随后的工程施工期间，设计者在施工现场勘察中，如需要局部的变化和调整，应立即现场采取相应的措施，快速地用手绘（最实际和最有效的方法）勾画出具体的部位，作为日后进行设计变更的依据。

上述有关设计程序与步骤是常规性的工程设计，从中我们会感觉到，在一个完整的专业设计过程中，手绘表现的重要作用的确是显而易见的，如图 1-24 至图 1-27 所示的方案草图。

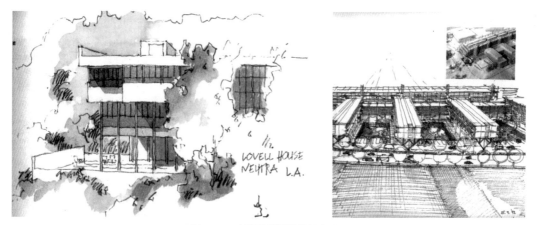

图 1-24　建筑景观设计草图表现 1

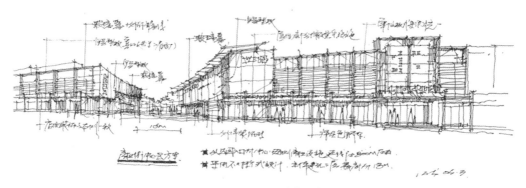

图 1-25　建筑景观设计草图表现 2

图 1-26　室内设计草图表现

图 1-27　规划设计草图表现

1.4　本章小结

　　单就手绘表现来说，与其他的表现手段别无二致，就是为设计而进行的设计表达，明确地服务于专业设计活动。现实中，我们一定要打消困惑与迷茫心态，必须正视它的存在。当然，不作为的回避与畏惧更是不可取的。

　　让我们再一次地认知手绘本质。作为表现手段之一的手绘表达，它外在表现上虽不是万能的，但充满艺术特质，多姿多彩；它内在隐性博大精深，需要潜心挖掘；朴素的情感表达上它又是不可替代的，所谓的画如其人。

第2章

形态塑造与思维表达

前面已提到手绘表现图是一个特定的画种，它有着与其他纯绘画画种共性的原理，而更相同的就是同样用手绘的技巧和方式表现事物及思维情感，加之写实性的要求，从而在表现上会更多地运用素描要素、色彩要素来描绘景物，以及瞬间快速捕捉表现对象特征的速写能力。随之而来的就是造型、构图、光影、体积、质感、色调等诸多表现能力的考核。

2.1 源自生活环境空间的绘画技能

我们的生活环境无疑是捕捉描绘景物的源泉，相知、相识继而到相熟乃是原则性的基础条件。这就是要对生活环境空间景物细心"观察"，用触摸的感觉去看，发现景物形态的特征，接下来就是生动的描绘，这就是绘画的全过程体验，这里我们会得到需要描绘景物的一切特征，既体味素描原理的各种关系，也会领悟色彩原理的颜色关系，这是影像技术无法感受如此深刻而不可替代的过程。

2.1.1 素描技能

素描技能是造型艺术的基础训练科目，用单一的颜色去观察和表现多彩的景或物，用准确的造型能力，构建出合情合理的"黑白灰"关系，描绘出栩栩如生的动情画面。经过长期的素描训练会明显地感觉到，无论是景还是物，在二维空间中表现其三维立体形态就必然会出现黑、白、灰三大要素关系，绘制中就会形成交界线、亮面、暗面、灰面、反光面五个"调子"，如图2-1和图2-2所示。这些要素准确诠释了景或物立体化的主要形态特征。在实践中会发现这些要素关系，反之，我们又会用这些要素关系去观察、分析、描绘景或物的形态，这是一个辩证的关系和一种相互作用的状态，唯有亲身体验才会深刻领悟。而这样的体验无疑会对设计表现图有着潜移默化的积极意义。

图2-1　素描关系1

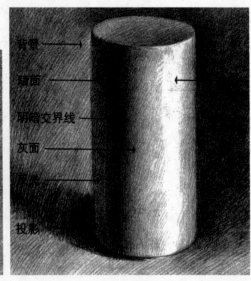

图2-2　素描关系2

可以比对一下，设计表现图与纯绘画的画种在表现技巧上虽有着一定的区别，但在表现景物立体形态特征的要素关系上是相互一致的。也就是说，由于实际应用的功能性要求，设计表现图更要忠于实际空间，在表现的过程中，遵循素描要素关系。相信通过素描基本技能的掌握，就能够很好地把握设计表现图的构图，在造型上准确地表现景物的形态，以及景物的光影、质感、空间构成等各方面的协调关系。

1. 形体塑造

物体的形态是多样的、立体的，有着各自的相互比例和尺度关系，并且在某个静止点位去观察时，物体的形态会出现近大远小的情形，形态轮廓就会发生转折、逐渐消失及角度改变等变化。在立体塑形中，除上述情形外，就是原本体量、大小相同的体面，也会因为远近、角度、方向的不同而发生改变。这就要求用线塑形要准确，要有丰满的形体内涵概念，特别是物体外轮廓的形态特征描绘是极为关键的，如图 2-3 至图 2-5 所示。

图 2-3 线面关系 1

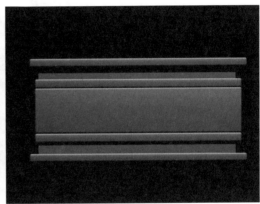

图 2-4 线面关系 2

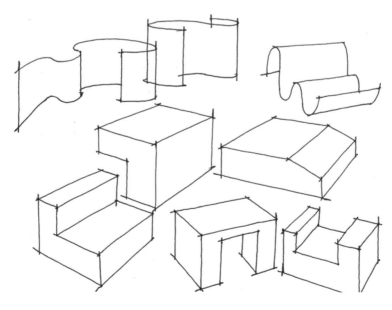

图 2-5 线形表现形体

2. 形体的光影关系

物体形态的三维特性，在光的照射下会产生明暗关系和光影变化，这是我们在表现物体时必须理解、抓住并应用的基本规律。明显存在"黑白灰"关系及五个"调子"的画面才是完整的、准确的、生动的。其实形体光影关系的描绘是在塑形的基础上完成的，是物体形态描绘的继续深入和完善，同时也在继续修整物体塑形的不足。然而，一旦出现"调子"关系错误，就会有画蛇添足之感，甚至起到不良的相反作用，这样就会前功尽弃，如图 2-6 所示。

图 2-6　形体光影关系

3. 暗部反光与投影

在素描技能的训练中，观察物体明暗关系时，未必都是那样清晰易见，而主观上的理性认知是很重要的。在涂调子时会发现，具有体积感的物体，无论是独立的形体，还是相邻接的两个以上独立形体，都会呈现出明和暗交织的关系。因此，物体暗部的反光是必然的现象，暗部的反光不仅说明了物体本身形态的特点，同时说明了物体本身不是孤立的，而是存在于环境空间之中。由此，增强了物体的立体感。

在绘制中，同样起到这个作用的就是物体的"投影"，也表明了光的存在，同时通过调子和投影会明确地反映出光源的位置，因此，在由多个物体组合在一起的环境空间中，各个物体应是同处在一个主光源下（当然环境空间中还会有其他光源存在），表现时尽量体现出一个主光源环境空间关系，这样使画面看起来会统一、协调一些。需要注意的是，在一般情况下，如果是相同材质、相同颜色物体间出现的投影，我们会很明显地发现，这时的投影调子要重于物体暗部的调子。如图 2-7 至图 2-9 所示，从表现图中分析，物体暗部的色彩光影的变化是极为丰富和生动的，这些现象对于描绘物体是至关重要的，对于概括提炼的表现物体会带来巨大的帮助。

图 2-7　暗部光影关系表现 1

图 2-8　暗部光影关系表现 2　　　　　　　图 2-9　暗部光影关系表现 3

有关素描关系问题的理解，归根到底还是绘画基本功的水准如何，所以也不妨尝试一下素描写生训练，这也许是个有效的办法。不过，这种训练一定要有针对性，例如像静物素描，内容以一些摆件、器皿、蔬果等，结合陈设环境一并纳入写生之中，以此陶冶室内环境空间的素描感受。同时，加入风景写生的内容，包括街景、园林环境等室外空间环境的内容。相信通过这样针对性的素养训练，也会对素描关系的理解有很大的提升。当然，素描技能训练中还会有许多问题，后面还要结合设计表现图，介绍相关的构图、主次、疏密、对比等方面的问题。基础训练要有针对性，例如石膏像和静物写生，这些常规训练的目的着眼于造型能力的培训，而其他一些写生主要是面对与环境空间有关的题材和内容，像环境空间场景、建筑、物体等，如图 2-10 至图 2-12 所示。

图 2-10　静物和石膏像写生

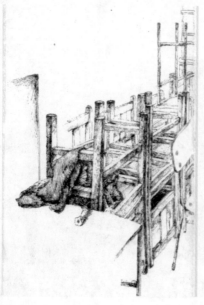

图 2-11　局部环境写生

图 2-12 建筑环境写生

2.1.2 色彩技能

色彩技能的掌握与运用，在我们描绘景或物的绘画活动中更具有完整性的意义，也更具有一定的难度。同样是在两维的画面上表现三维的立体形态，用颜色的要素和色彩关系完成形体塑造，由此会发现许多色彩规律。色彩学最基本的内容就是色相、明度和纯度三大要素，以及色彩的冷暖变化、纯度变化、明度变化等规律现象。与素描技能一样，色彩技能要通过色彩的调子表现出景或物的立体形态、外在质感、比例尺度、远近关系、空间环境关系等诸多内容。值得注意的是，一个独立完整的立体形体会存在亮面和暗面，涂颜色调子时会发现这样的现象，暗面颜色调子的变化要多于亮面。另外，在色彩技能训练中，还要特别注意固有色、环境等问题，这种情况在素描技能训练时，感觉不会那么明显。总的来讲，色彩技能比素描技能相对来说要复杂一些，尤其是色彩感觉和表现会更难，就是说感性和理性的内容会更加丰富多彩。有关色彩原理要素如图 2-13 至图 2-17 所示。

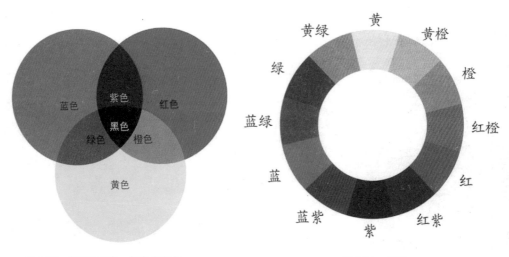

图 2-13 色彩的原色、间色和复色   图 2-14 色环

图 2-15　邻近色对比　　　　　图 2-16　补色对比　　　　　图 2-17　冷暖色对比

　　同样，色彩技能在设计表现图技法中所占据的位置也是至关重要的，除去上述提及的色彩要素和色彩关系外，设计表现图更强调空间环境气氛的"色调"问题。设计师要表现的空间环境是哪一种色调，以及环境中物体的材料、质感等都需要用色彩来完成。色彩是很感性的，只有熟练地掌握色彩的构成原理和要素关系，才能很好地把握设计表现图的色彩效果。一旦关系处理错误那就是失败的图纸。

1. 训练和培养"色彩感觉"的途径

　　之所以说色彩技能训练较素描技能更为复杂，考核的方面会更多，其中，"色彩感觉"一词常常是评判色彩技能的重要因素。色彩感觉就是对色彩内在规律的认知情况，通过这种感觉来进行色彩调配。反之，色彩调配正确与否反映其色彩感觉的正确与否。对于色彩感觉的形成，普遍认为有两种组合。一种是人对颜色有天生的偏好；另一种是以色彩的内在规律进行后天培养，而后天培养的最佳途径就是进行大量的色彩写生。

　　曾经有位美术教育家说过，一个画家不经历两、三千次的写生就不可能真正地理解和掌握色彩的规律。不仅是写生，还要默写、临摹，通过这些手段分析色彩的构成和搭配，增强色彩感觉的记忆。结合设计表现图的特点，我们可以有针对性地选择一些室内空间环境、建筑空间环境、风景等内容进行写生，不仅仅如此，还包括人物写生、静物写生都可以尝试训练，这些都会为设计表现图积累色彩表现方面的经验。如图 2-18 至图 2-20 所示为写生作品。

图 2-18　风景写生

图 2-18　风景写生（续）

图 2-19　静物写生

图 2-20　人体写生

2. 色彩规律在设计表现图中的运用

我们知道，设计表现图较之纯绘画，由于特定和专属的功能需要，强调物体及环境空间的真实性，那么在色彩的表现运用上要求更为率真。因此，在色彩表现上更强调物体的固有色问题，色彩的使用比较单纯，不过多追求和强调环境色的效果，以此避免造成色彩上的误解，这是实际应用的功能和需要。

具体来分析，设计表现图色彩规律本来是这样的，其一，专业设计表现图的色彩运用一般采用强调固有色画法。在刻画单个物体时，亮面、暗面必须含有固有色的成分。形同素描的黑白灰关系一样，以中间色为固有色，也可称为关系中的"灰"，而关系中的"黑"就是固有色加深加暗，"白"就是固有色加浅加亮，如图 2-21 和图 2-22 所示。其二，有目的地选择每张画所使用色彩的种类，形成画面的色调，这种方法是避免画面色彩杂乱的有效方法，反映了设计表现图技法的又一个特点，即所谓的色彩使用的"节约"。那么何谓色彩种类的节约问题呢？专业表现图需要实效性，每张画中有选择地使用几种颜色，使画面有较为统一的颜色调子，称为色调，这种颜色运用的规律正是专业效果图的表现特色。通过图例便可更加清楚地观看所表现出"色调"的专业效果图。如图 2-23 所示为色彩节约图例。

图 2-21　固有色图例 1

图 2-22　固有色图例 2

图 2-23　色彩节约图例

专业表现图的色彩运用要紧密地结合空间环境设计的色调，关于这个问题，在前面我们提到过，人对颜色天生是有偏好的，对于环境设计的实践来说，这一信息非常重要。再结合不同的环境空间的使用功能需求，以及不同的环境设计风格，一定会出现许多空间环境的颜色调子。那么，在绘制设计表现图时，就要把不同的空间色调表达清楚，故而在色彩运用上形成包括同类色调、类似色调、对比色调等几大类型的空间色调，这些类型也是衍生于色彩原理中色彩对比的规律，邻近色、补色和冷暖色等效果，如图 2-24 至图 2-26 所示。

　　此外，色彩在环境设计实践中还有着抢眼的作用，具体表现在几个方面：一是色彩运用会起到烘托空间环境气氛，增强环境空间主题性的功能和作用；二是色彩会产生吸引或转移视线的视觉效应，强化局部空间在整体空间环境的主次关系；三是色彩通过视觉传感对人产生心理作用，以此来调节空间环境的大小，即冷色、重色缩小，反之扩大的心理作用；四是色彩还有连接相邻个体空间环境的能力，如颜色的重复使用，或颜色的明度序列等；五是直接用颜色划分独立的环境空间。诸如上述所列，都需要我们在表现图的绘制中描绘清楚。

图 2-24　同类色调图例　　　　　　　　　　图 2-25　对比色调图例

图 2-26　类似色调图例

2.2 敏捷的快速塑形表达

如果说素描技能、色彩技能作为基础必须要掌握的话，设计表现图还要具备快速表现的能力，这种瞬间记忆且能敏捷表现出来的能力对于设计本身的帮助是巨大的，洒脱流畅的感觉是美妙的设计过程。怎样做到这一点呢？速写是最好的良师。

2.2.1 速写技能

速写顾名思义就是快速表现所描绘的对象，要求绘画者要有敏锐的观察景或物特征的能力，同时需要快速地将看到的描绘对象准确地用手表现出来，这对于提高造型能力是一个巨大的促进。

那么，鉴于设计表现图的表现对象内容，可以有针对性地训练，例如建筑速写、室内环境速写，以及家具、摆件、陈设、绿化等，单体的、组合的都会对快速表现有所帮助。当然，对于设计专业方向的速写也是有别于纯艺术绘画的表现方式，它要求除主要的物体形态外，还要表现出环境空间关系、结构关系及装饰情节等内容，如图 2-27 所示为各类速写。此外，与专业表现密切相关的建筑钢笔画也会对专业表现训练提供直接的帮助，如图 2-28 所示。

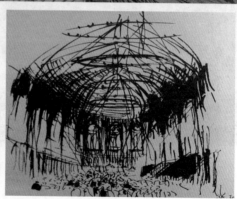

图 2-27 各类题材速写图例

图 2-27　各类题材速写图例（续）

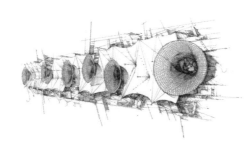

图 2-28　建筑钢笔画图例

图 2-28　建筑钢笔画图例（续）

当然，专业方向性速写在使用工具时可有更多的选择，例如钢笔速写、铅笔速写都可以更多地尝试，而每一个工具类型选择又可分化出更多的工具类型进行相应的表现。同时，技法上也可以采取综合性的表现手段，必要时也可以涂上一些颜色。总而言之，立体空间环境的速写有着多种表现形式，我们必须要选择最恰当的方式进行表现，不要千篇一律。

2.2.2　设计过程的草图

草图完全是设计过程中的事情。经过长期的速写训练，才会有良好的快速徒手表现能力，这种能力的掌握会成为设计师的武器，并且使设计师在设计过程中游刃有余。草图的特点是快速、不肯定，甚至是漫不经心，但它在设计过程中是最有价值的东西。

草图完全是设计师设计灵感的纸面表达，往往是充满激情的，反映着设计师的概念、构思、调整等设计过程中的不同环节，我们可以把每种情形的纸面表达看做不同的草图类型，即概念草图、构思草图、推敲草图、调整草图几种格式，而这就是用手将大脑思维活动表现在纸面上的过程，这也是不可替代的有效方式，如图 2-29 所示。

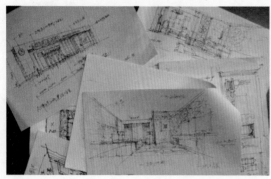
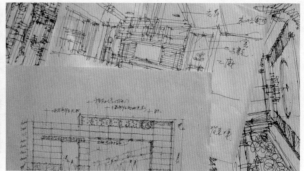

图 2-29　设计草图图例

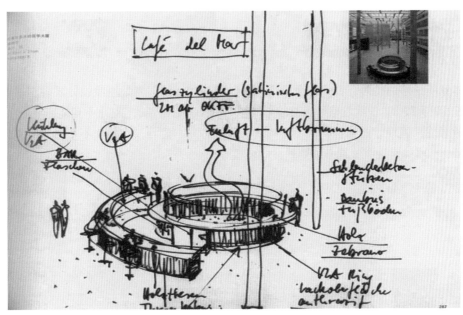

图 2-29　设计草图图例（续）

　　这是一个国外设计事务所的工程项目的设计实例。该项目是"社区艺术中心和教育中心"的建筑设计。设计的开始阶段为"过渡性的构思"。在这一阶段的工作中，由主设计师确定设计的概念和思想，并绘制出若干幅手绘的意向性"概念画"，在与甲方的沟通中获取设计的基本构思。随后的设计阶段中，设计师会凝练出优美的意向性概念体草图，如图 2-30 所示。而后，草图始终伴随着设计的过程，直至最后完成。这里要说明的一点是，设计初始阶段，设计师在绘制草图时，习惯于打破传统的尺度关系，重点是设计思维的扩展，而更多的是概念的描绘，随后才是相对具象的草图描绘。

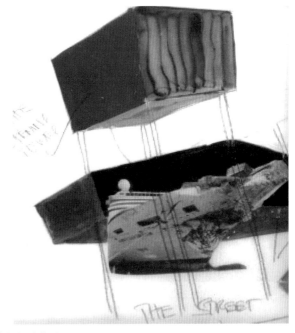

图 2-30　实例设计草图

2.3 本章小结

　　对于本章所讲解的内容，我们完全有理由确认这样的道理，就是手绘设计表现图需要绘画能力的支撑，在表现实践中，任何忽略和回避绘画技能的想法都是错误的，这是不可能完成好手绘表现的。而草图设计表现又是设计过程中不得不用的有效表现方式，这看来也是个不争的事实，尤其作为一线的设计师，这样的表现方式是必须要掌握的要领。

第3章

手绘表现图的基础原理与原则

如前面所述，手绘表现图作为特殊的画种，在表现技法上自然有独特的规律，存在自身的表现原理，同时也有表现技法的原则，这是要求我们在训练中必须遵循的事情。任何忽视原理的做法都是不科学的，而违背原则的行为注定会失败的。

3.1 专业透视原理

专业表现图绘制需要一定的技能和技法，它来源于透视制图原理和美术绘画基础，而专业透视基础是最先要使用的技能。专业透视在表现图中的作用有些像绘画中的构图、打稿，它将决定一幅表现图的未来走势和成败。专业表现图的用途要求其表现的空间尺度、物体间的比例要准确，专业透视是达到这一目的的科学手段。

我们知道，透视效果图能真实地再现设计师预想的方案。因此，专业透视作为专业基础类实训性的内容，在室内表现图的绘制过程中起着很重要的作用。通过熟练掌握专业透视原理及其规律，重点介绍快捷、实用的方法，提高表现图的绘制效率。建立空间中的视点、视高与视距概念，使我们了解空间的概念，掌握透视技法和规律，为正确表达建筑与室内空间环境打下基础。

首先，我们要了解什么是透视效果图？透视效果图是将三度空间的形体转换成具有立体感的两度空间画面的绘画技法，我们将其称为专业透视表现图。那么树立空间概念、立体地思考问题是学好专业透视的关键，还要搞清透视关系的原理。透视现象是因为人眼的感觉特性产生的，不同的景象是人眼对空间中物体的前后、左右、远近感觉的结果。因此透视研究的实质就是人眼与所感受到物体之间的空间关系。透视中视平线、消失点、余点、视距等都是以每个人的眼这个视点为主体而形成的。

3.2 专业透视技法

就专业透视技法而言，其表达的方法是很多的，较为标准的是投影法透视表现，在这个技法的学习中，我们要解决的透视关系主要有两种：一种是一点的平行透视，另一种是两点的成角透视。所谓投影法就是在透视图的上方摆放俯视效果的透视关系布图，即表现空间的平面状态的平面图、视距、画面线等，并由此投影出立体的透视效果。但在设计实践中，我们也会经常使用一些简便快捷的方法来表现各种空间环境。例如我们常用的测点法、移位法等。当然这些方法是根据投影法的原理演变而来的。下面用图例的方式进行技法表现的说明，如图3-1所示为一点平行透视，如图3-2所示为两点成角透视，这两个图例都为标准的投影法透视表现。

专业透视有几种状态，通常情况下我们要掌握至少两种以上的专业透视。前面已经提过，一种是一点透视，另一种是两点透视。所谓专业透视的表现过程，就是将多个二维的平面组合表现成为三维状态的立体环境空间。因此，无论是哪种透视，必须要清楚所表现的空间环境对象的状况，也就是已知条件，绘图之前的已知条件包括设计完成的平面布局、立面空间、顶平面（室内空间）等各部位的形态状况和尺度关系。也就是说，在进行专业透视图表达的时候，应是设计方案的构思成形以后，并对空间环境的平面、立面的尺度关系熟知的情况下，才可进行绘制。

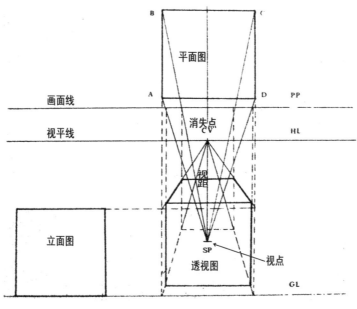

图 3-1　一点平行透视图例

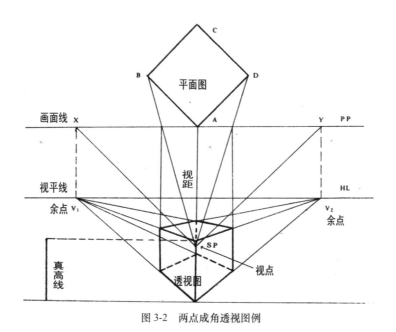

图 3-2　两点成角透视图例

3.2.1　一点平行透视

　　在前面，我们简述了专业透视的投影法，平心而论，尽管其原理和方法很科学，但绘制过程相对而言会烦琐一些，特别是要有平面状态的辅助条件，造成绘制过程极其不简便，而占用画面周边的空间很大，那么从实用角度来看，并不太适合快速表现的要求。因此，经由专家们潜心研究，在此原理基础上，又衍生出了很多简便快捷的专业透视的表现方法。下面就介绍其中一种简便的透视方法，可称为网格测点法。它适用于一点和两点的透视表现。

制作专业透视表现图首要的是认识专业透视的特点，包括原理和画面两个方面。先看平行透视：一点透视也称平行透视，是将视点正对着表现物体，视线角度垂直于画面角度。那么视点、中心点、灭点（消失点）三点重合，画面中存在真高线和真长线，这是很重要的原理性特点。

从画面效果的特点来看，一点透视的视觉特点是表现范围广，纵深感很强，特别适合表现庄重大方的室内空间，例如大会议厅、大堂空间等一些高大的室内空间。其不足是画面比较呆板，且有些失真的感觉，这主要是因为人的视觉反映和动态习惯所致。因此，在选择透视类型时，一定要依据空间环境特征及功能主题要求再决定。如图3-3至图3-5所示为条件和步骤集合图例。

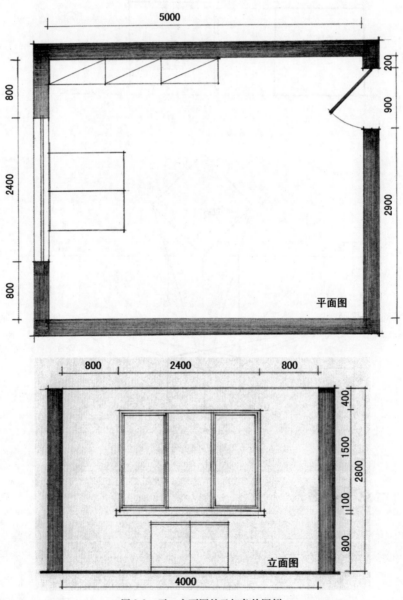

图3-3 平、立面图的已知条件图例

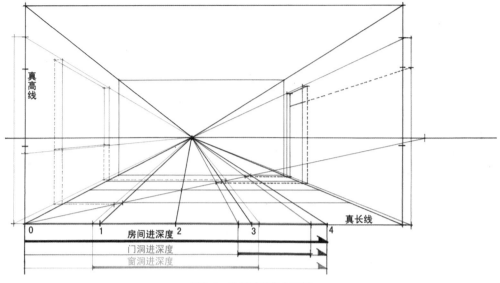

图 3-4　绘制过程集合图例

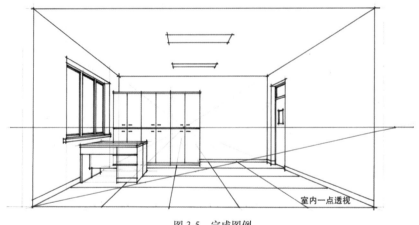

图 3-5　完成图例

3.2.2　两点成角透视

　　相比较一点平行透视，两点成角透视的绘制方法和过程会相对复杂一些，物体垂直视点的体面形成角度关系，由此而形成两个消失的灭点，因此，两点透视又称成角透视。

　　从原理性的特征来看，基于它能同时看到物体的两个面，此物体的各平行线向两边无限延长时，会消失于两边各点，也就是有两个灭点这一特征，所得到的结论就是，成角透视的体面是处在透视运动当中的，故此画面只是存在一个真高线。如图 3-6 所示为成角透视移位法步骤集合图。在表现效果方面，两点透视的画面效果比较自由、活泼，其反应的空间感觉和人的真实感受基本是一致的，较为生动、真实（外檐表现图、家装设计、各类公建设计等）。表现中的难点是角度选择，如果视角不好，会产生变形。这就要求我们观察、感受现实中的空间及物体的立体变化。如图 3-7 所示为完成图。

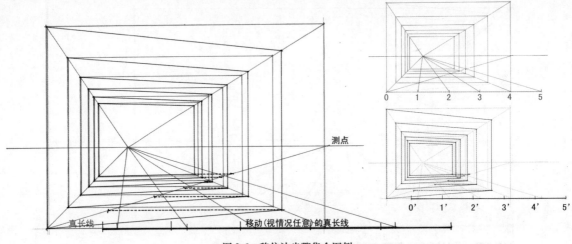

图3-6 移位法步骤集合图例

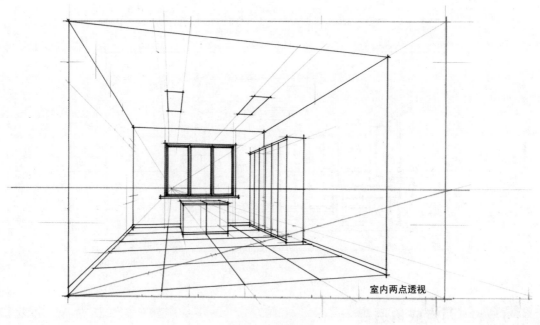

图3-7 完成图例

　　这种透视表现方法与上一个平行透视空间环境的已知条件完全相同,只是进行了一点到两点的变化。另外,单就技法来讲,图3-6和图3-7图例中的透视方法并非严格意义上的两点成角透视,而是在平行透视的基础上,通过平行体面的强行移位形成的角度效果。通过这样的移动,在画面中就形成了两个灭点,并且有一个灭点被省略在画面之外,由此节省了画面上一些辅助图形的占用空间,这也是这种画法的优势所在。

3.2.3 俯视效果透视

　　一般的俯视效果的表现可以通过两种方法来解决:第一种是将视点提高的表现手法,这样自然会形成俯视观看效果，如图 3-8 所示。另一种方法就是将表现对象的体面调置去看，如将原有的墙面转换为地面，仍然按普通透视方法去做，同样能够收到俯视的空间效果，如图 3-9 所示。俯视效果透视适用于场面较大的室内空间群体，例如单元式住宅、关系密切的组合空间和一些大的景观规划设计。表现技法上可采用一点或两点透视。

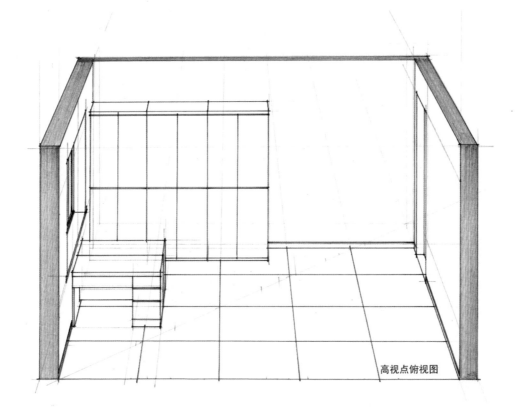

高视点俯视图

图 3-8　提高视点图例

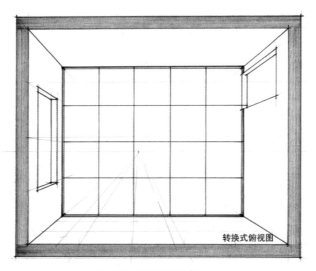

转换式俯视图

图 3-9　转换体面图例

3.2.4 轴测图

　　轴测图能够再现空间的真实尺度，并可在画板上直接度量。但是不符合人眼看到的实际情况，感觉不舒服，严格地讲它不属于透视的范畴。透视表现图绝大部分是遵循灭点透视法作画，然而，没有消灭点、远近物体尺度不变的轴测图在建筑表现中也有着不可忽视的作用。

　　其特征是没有"近大远小"的透视变化，表现方法简单，一般可直接利用平面图或立面图作画，可利用丁字尺、三角板等工具，方法极其简捷、方便。对于无透视所产生的视觉误差，可采取修正边线尺寸的方法来弥补缺陷，如图 3-10 所示。

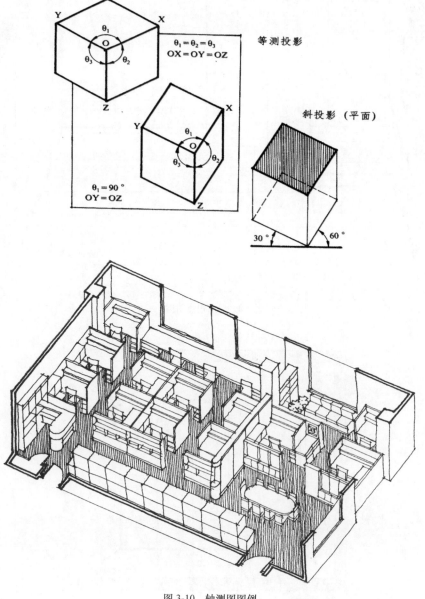

图 3-10　轴测图图例

轴测图是一种程式化的画法，虽然形象上有些呆板，但只要运用线条的粗细变化，并配合一些色彩变化，就能达到画面规整中见变化、简单中求丰富的装饰效果。

3.3　表现原则与技巧

任何事物都不得偏离原则性，不仅表现图绘制过程本身是这样，表现图的绘制技巧也是如此，而技巧就是为原则性服务的，或者说是在原则性基础上的调整。

3.3.1　看点的选择

我们观看的空间场景或物体是需要选择的，对于立体化的景与物，视线的变化就会出现异样的视觉感受，这也是作图时需要选择的原因。要知道这些变化是在视野、视角的作用下形成的。

1. 视野选择

视野是指人清晰观看景或物的范围，即上下和左右的视线范围，按照人体工学的计测结果，左右（水平方向）清晰范围为视点的 60° 夹角，如图 3-11 所示；而上下（垂直方向）清晰范围为视点的 35° ～ 55° 夹角，如图 3-12 所示。这些角度区域主要意味着眼睛最佳转动区及颜色识别区。既然存在夹角情况，势必会有视点至物体的直线距离问题。就是说，看景或物的直线距离的远近，决定着看景或物的清晰程度。恰当地选择会避免看景或物的失真现象，对于表现图本身，也会避免变形的情况出现，因此说最佳可视区域对后面的表现情况有着决定性的作用。

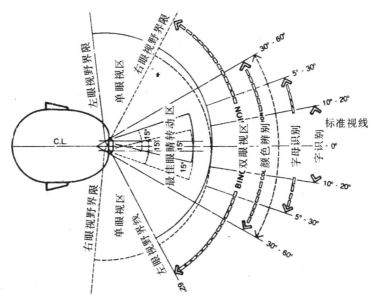

图 3-11　水平方向视野图例

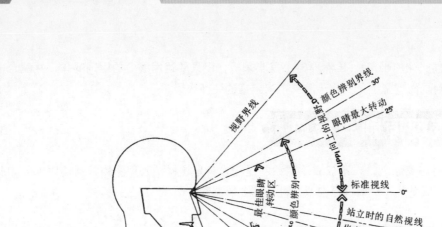

图 3-12 垂直方向视野图例

2. 视角选择

弄清了最佳可视区域的问题,接下来就是视角选择的问题。视角的选择同样重要,视角就是指人观看景或物的角度。由于立体化的物体存在透视关系,视角的上下左右的变化会产生不同的视觉感受。通常情况下,垂直方向的视角位置变化会出现异样的情形,例如,一个相同的物体,用高位视角去看(视平线高),物体的视觉感受是物体的体量缩小,主体性减弱;用中位视角去看,物体的视觉感受是物体的体量均衡,主体性平稳;如果用低位视角去看,物体的视觉感受是物体的体量增大,主体性加强。同样,视角偏左,物体右侧的内容就会丰富;反之,左侧的看得会更多。视角位置对主要表现的部位来说,是至关重要的事情,决定着它是否以最佳的形态出现,如图 3-13 和图 3-14 所示。再有,画面的上与下、左与右的比例关系,都要尽量避免呆板的等分的比例关系。

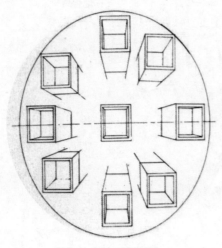

图 3-13 平行透视图例

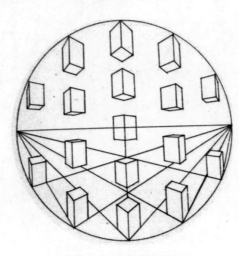

图 3-14 成角透视图例

3.3.2　图面构图的掌控

前面谈及的视野和视角问题是最基本的，接下来就是构图的事情。设计表现图需要极强的画面掌控能力，表现的物体对象必须有一个清晰的交代，不能大意，这就对画面构图提出了更高的要求。那么，要求在图面构图表现的过程中，着重考虑比例关系、主次关系，以及构图的美感。

1. 构图的比例关系

首先要根据表现的主体物的比例关系确认图纸是横向还是纵向使用，一般的室内环境空间多以横向的比例出现，特殊的室内共享空间可考虑方形比例或纵向比例的画面。外空间环境空间主要的依据就是建筑。

其次是画面内物体的比例关系。画面中的主体表现物与整体画面的比例关系要恰到好处，比例过大画面就会拥挤不堪，比例过小又会因为画面空旷而造成的主体物弱化。因此说，大小适中的比例关系才符合表现图画面的要求，如图 3-15 和图 3-16 所示。

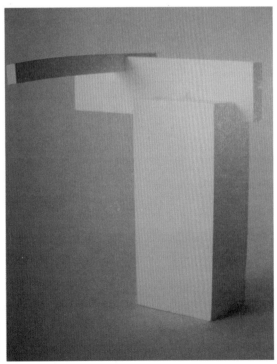

图 3-15　主次比例关系图例 1　　　　　　　　图 3-16　主次比例关系图例 2

2. 构图的主次和取舍

设计表现图是以主体物为中心的。一幅表现图总会存在主要的、次要的及配景的主次关系，表现中如何突出主体物是关键，建立一个主实次虚的画面关系。在表现中可采取一些理性的手段，例如，塑形的密与疏，刻画的详与简，色彩的纯与灰，如图 3-17 和图 3-18 所示。

图 3-17 疏密表现图例　　　　　　　　　图 3-18 详简表现图例

　　当然，表现图中的疏密也好，详简也罢，这仅是处理上的表面现象，最直接的手法就是取与舍，目的在于强调主次的协调组合。画面的主次关系考虑是必要的，但也要注意远近和前后关系变化的处理。确认主次关系以及配景等内容，也许会较为零乱，这时就需要绘图者理性化地进行调整和梳理工作，有意识地进行概括，并且要进行大胆的取舍，如图 3-19 和图 3-20 所示。取就是对主体物加以强调，舍就是舍掉一些干扰主体物的东西，一切为主体物的充分表现让路。

图 3-19 形的取舍与主次图例　　　　　　图 3-20 色彩的取舍与主次图例

　　其实无论怎样都是对比出的结果，没有次就没有主，没有虚就没有实，没有疏就没有密，没有舍就没有取。这些关系是相辅相成的组合关系，单一出现什么都不是。在表现图的刻画中，还要注意形的对比、线的对比、明暗对比。做到这些，画面的掌控就不是什么难事。

3. 构图的意境与美感

　　设计表现图虽然是一个特定的画种，但在经营画面构图时，也不能丢掉画面的意境与美感，这也是表现的原则。当然，室内空间环境和室外空间环境还是稍有不同，这就要根据不同的空间场景予以准确的描绘，如图 3-21 至图 3-23 所示。

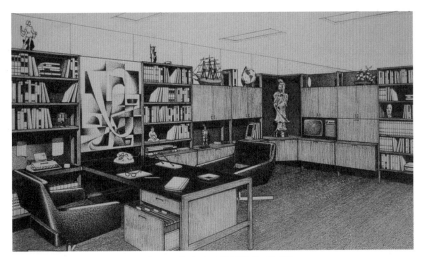

图 3-21　室内表现构图的美感图例

图 3-22　室外表现构图的美感图例 1

图 3-23　室外表现构图的美感图例 2

　　画面的意境创造要有情节性、故事性，对观赏者来说这种感觉是很有吸引力的。在画面物体的前景、中景和后景的构成里，怎样填充主体物、次体物、陪衬物是一门学问。这在室外空间环境的表现中尤为明显，怎样组织配景是关键，包括绿植、人物、水系、天空、交通工具等，而这些在调剂画面意境的同时，对主体物有着尺度参照物的作用，如图 3-24 和图 3-25 所示。

图 3-24　室外表现图例

图 3-25　室内表现图例

　　另外，图面的形式美感体现在画面表现内容之间的构成和形态。特别是非主体物的描绘完全可以进行大胆的修形，使画面达到统一变化的效果。

3.4　本章小结

　　总的来说，经营好一个完整的表现图的构图画面，要在大的原则基础上，运用多方面的技巧和手段，做到情理之中的最佳选择，相信会取得理想的效果。需要注意的是，从把握构图要求的角度分析，在透视表现中，如果采取由近至远去做透视关系会很容易地掌握画面的构图关系。相反，如果由远至近表现物体，所放出的近景不容易控制。

第4章

表现图的表现元素

如今，在空间环境设计领域蓬勃发展的阶段，建筑设计、室内设计、景观设计等行业的发展进步使得专业设计表现发挥着重要的作用。就环境设计而言，我们着眼的是对室内和室外两部分的景物描述与表达，而从手绘表现图的培训要求来看，不存在室内和室外表现的倾向性。

4.1 手绘表现图表达范畴和内容

那么，在设计中如何把握好图示表达这一环节？我们首先是要清晰地知道设计过程中所描绘的对象是什么，进而有针对性地训练。具体来说就是表现室内空间环境、家具、陈设物品等，要求真实地表达室内空间气氛、物体的材质和色彩，并准确地反映出设计风格，如图4-1至图4-3所示。至于室外的图示表达，除建筑、景观表现以外，室外的配景也相当重要，如天空的变化、绿化的远近关系、水系统的形态、人物及交通工具的配置等。我们只有通过对这些形体语言的描绘和表达，才能真实生动地呈现出不同的空间环境状态和设计意图，如图4-4至图4-9所示。

图4-1　室内环境表现

图4-2　室内家具与陈设表现1

图4-3　室内家具与陈设表现2

图 4-4　室外建筑设计表现

图 4-5　室外建筑小品设计表现　　　　　　　　图 4-6　室外铺装设计表现

图 4-7　室外绿化小品设计表现　　　　　　　　图 4-8　室外水体景观设计表现

图 4-9　室外园林景观设计表现

如何做到这一点呢？就是要挖掘我们的绘画潜能并以此作为支撑来完成设计表现图。首先，要掌握一定的素描技能和色彩技能，在表现过程中，多多运用素描、色彩的原理和要素关系，以及养成速写的习惯。其次，在设计表现的过程中，熟练地掌握专业透视技法及相关的内容。只有这样，才有可能熟练地掌握专业设计表现技法的精髓，以此达到室内、室外设计表现的最佳效果。设计表现图要根据设计进程和具体的需要来展现其表达的内容，那就必须对所要表现的物体与环境空间的形态特征有所认知。

4.2 表现图物体材质的认知与表现

人们对材质的感受是经过长期的视觉和触觉感受积累形成的。选择不同的材质有其功能使用的需要，还有其视觉心理感受的需要。在设计中材质的选用是经过设计师深思熟虑的，表现好材质的质感，对设计意图的表达非常重要。那么，首先还是了解其不同材料外在的质感特征，如材料的纹理、光泽、形状等。要做到先熟知后表现，使表达对象栩栩如生，这样才能达到理想的境界。

在建筑设计、室内设计、景观设计和专业设计表现图中，有关使用材料材质方面的内容是设计表现重点，材料材质的外在形态是表现的主体。因此，通过对材料的详细了解和分析研究，我们可以将主要的、常用的材料概括分为几大类予以说明。

4.2.1 木质材料

木质材料在环境设计中是最为常见的一类材料，而且是在室内和室外的装饰工艺中用量很大的材料之一，在表现图中更是频繁出现的材料。那么，我们知道木质材料种类很多，包括原木、木板、各类加工面板，以及木质家具等。各种不同的木质材料其纹理、光泽度都有明显的特征，如图 4-10 和图 4-11 所示。因此，我们要根据不同的情况予以表现。例如在室内表现中，对于墙体木质面板的表现，通常是先涂木材的基本颜色和明暗变化，然后用干笔拉丝出纹理，如有必要再进行细节调整。同样，室外表现木质材料也要抓住其主要的特征，尤其原木材质表现是有着其自身的明显特征的，如图 4-12 和图 4-13 所示。

图 4-10　木质面板图例

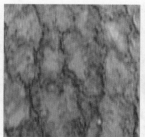
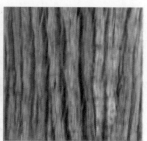

图 4-11　原木材料图例

图 4-12　面板手绘表现图例

图 4-13　原木手绘表现图例

4.2.2　石、砖类材料

　　石材在室内外的建筑装饰工程中同样是被大量使用的材料，是极为重要的主材之一，表现时会出现大面积或局部精细的线形变化，需要不同对待。石材包括大理石、花岗岩、毛石片、砂岩、洞石、蘑菇石等不同品种，在环境设计的室内设计和景观工程中用途很广；同样，砖类材料也是如此，原本砖用于建筑结构围体，而今，更多出现的内外檐装饰砖、各类瓷砖、艺术砖品种多样，形态规格丰富多彩，足以证明其用量的巨大。如图 4-14 所示为大理石和花岗岩材料。

图 4-14　石材图例

石材的表面有一定的反射，表现归纳时，其自身的纹理是主要特征，技法表现有湿画、干皴两种。理石纹理清晰漂亮，花岗岩颜色更完整一些，质地也坚硬一些。像毛石片、蘑菇石表现必须要抓住其形态特征，都有其明显的体积感，用黑白灰的关系概括性地处理其立体特征，如图 4-15 所示。

图 4-15　室内小面积石材表现图例

而砖墙类的材料也是会经常出现的，表现时较之石材表现要有所不同，就是表层反射光泽度方面有一定的区别，砖材表层会很温和，用色要足但要柔和。瓷砖类外部形态特征与石材接近，一般有抛光、亚光、无光或仿古砖等几类，一般来说，抛光瓷砖反射度会较强烈一些。

另外，在配饰配景时，还要注意不同原石的体积感等形态特征。但是，无论外在形态如何复杂多变，首先，认清材质的特征，用黑白灰原理的意识予以概括，任何困难都会迎刃而解，像蘑菇石、片石之类的材料都可以轻松地表现清楚本来的质感特征，如图 4-16 至图 4-18 所示。

图 4-16　室外大面积石材表现图例

图 4-17　各类砖类图例

图 4-18　实景与表现图例

4.2.3　透明材料

　　在环境设计中，透明材料主要以玻璃为最多，如透明玻璃、玻璃马赛克、有色玻璃及玻璃砖，还有镜面玻璃等。除常规的门窗使用外，室内外的装饰中也颇为常见，像钢化以后的玻璃用途更为广泛，可用于隔断、栏板、地面造型，还有一些墙面采用车边玻璃拼形装饰。

　　玻璃应抓住其透明、反光的特点，这是玻璃最明显的特征。可以在画面中玻璃的部分罩上透明的浅色或深色，表现中变色部分的笔触边缘要干脆利落，体现玻璃透、硬、光的质感特征。还要注意，表现时玻璃上摆放物体的倒影及玻璃对周围相应景物的折射问题。如果是镜面玻璃的话，周边空间环境的反射景物的表现更是不可忽略，如图 4-19 和图 4-20 所示。

图 4-19　透明材料图例

图 4-20 透明材料表现图例

4.2.4 金属材料

金属材料在环境设计中的应用还是以一些型材居多，像金属扣板、加工的线板等，特别是不锈钢系列用途最为广泛。如果以外观特点分类的话，光泽度强的有抛光不锈钢板、镀钛板、金属马赛克等，亚光或无光的金属材料有不锈钢法纹板、静电喷涂金属板、铝材型板、铝单板、铝塑板等，如图 4-21 所示。

图 4-21 金属材料图例

不锈钢的表面会极高地反射周围的景物特征，其特点是色彩跳跃很大、对比性强，表现时不必过多考虑表层变色时的颜色过渡，变色越坚决就越能体现光亮的质地感觉，但应注意其基本的固有色。其他亚光或无光材质就是注意颜色要饱满，颜色过渡要柔和，如图 4-22 和图 4-23 所示。

图 4-22　金属材料表现图例 1　　　　　　图 4-23　金属材料表现图例 2

4.3　配饰配景的表现

　　无论是建筑设计、室内设计，还是景观设计表现图，除去必须要表现主要的和次要的物体外，配饰配景是不可忽略和舍弃的表现内容，而这些内容在表现技巧上更需要展现绘画技能，甚至要比主要表现的物体更难。掌握配饰配景技能，就如同计算机制图的图库一样，随时随地听候我们在绘制表现图时调遣。

4.3.1　人物表现

　　在专业表现图中，人物的表现起到补充调整颜色、烘托气氛、提示主体情节、丰富画面效果的作用。与中国山水画的意境有着异曲同工之妙。因此，技法表现要强调的就是"神"和"态"，可以概括、夸张一些。

　　值得注意的是，人物的姿态不仅要生动、准确、自然，还要与表现环境的气氛相协调，起到补充、衬托画面的作用，如图 4-24 和图 4-25 所示。当然，室内、室外的人物姿态还是因环境空间关系，会有些不同的表现，室外场景较大，人物的群体状态较多，因此，在着色上要考虑"群"和"片"的画面感觉；而室内环境空间相对较小，人物的动态要符合环境空间的功能气氛的需要，同时，要做好远近关系上的处理，往往不可喧宾夺主。

图 4-24　人物表现图例

图 4-24　人物表现图例（续）

图 4-25　人物简形勾勒图例

4.3.2　绿植表现

　　绿植表现一直以来就是手绘表现图不可或缺的表现内容，即便没有其他配景的话，也要配以绿植，这皆因绿植的姿态、颜色都充满一种活力，又特别适合补充或调整画面构图。室内设计中榕树盆景造型、蒲葵、芭蕉、君子兰、雪松等绿植是最为多用的品种。

　　室外设计中，主要是一些户外的行道树、景区绿植的区域，常用的包括由针叶树种、阔叶树种、矮灌木、植物铺装等草本和木本构成的绿植景观。衬托空间环境，疏密得当、层次分明的表现有助于增加情调与品位，不太多的色彩层次表现了丰富的画面效果。技法表现上区别于主体物的表现，有些可采用有装饰效果的树木概括表现。在室外景观的表现中，尤其重要的就是有地域性和气候条件的考虑，避免误导性的描绘，如图 4-26 和图 4-27 所示。

　　表现时要注意观察树形、树叶的生长特征和规律，一棵树树冠的组团特征如何，要进行合理的概括。至于树叶，处于近景和外廓部位可以适当描绘得清晰一些，以便增加图面的活力，整体的树冠中留有适当的空白，就是要有透气的感觉。

图 4-26 室外绿植表现图例

图 4-27 室内绿植表现图例

4.3.3 水体表现

水体表现在环境设计表现图中并非必须出现的一项内容，特别是室内设计表现。如需要表现的话，大多也是以流动水的形式出现，如室内山体景观的流水瀑布、水池喷泉等。

然而，在室外景观设计表现图中，水体表现就会大量地出现，包括自然的和人工的水体表现。除了喷泉、山体瀑布、叠水等流动状态的水，还会出现许多平静的水体。表现时可以采用诸如程式化方式表现平静的水体，即"倒影"特征；还有用概括的方式表现流动的水体，这就需要抓住流水的特征。总体来说，水体的表现的确有一定的难度，如图 4-28 和图 4-29 所示。

图 4-28　静水表现图例

图 4-29　动水表现图例

4.3.4　天空表现

天空表现在室内设计中出现的机会不多，偶尔会透过门窗徐徐看到，表现时切忌不能忽视，往往不经意间的忽略就会酿成大的失误。

天空表现主要还是在外部空间环境设计时出现，甚至是作为画面的底色而控制着整体的效果。不仅如此，作为大面积出现的天空表现，对画面有着情节的故事性，就是说，天空有晴空、多云、少云、雾霾、雨天、雪天等状态；天空有朝霞、正午、日落和夜晚等变化；还有草原、海滨、高原、平原、都市、乡村的地域差异。如此多的天空形态足以满足我们的选择，当然，选择绝不是漫无目的地随意使用，而要结合设计主题，用恰当的天空形态强调主题，尽可能地表明地域位置和环境空间的功能用途。

作为大面积的衬景，天空对图面本身起到重要的作用，可以根据表现主体物来选择是写实还是概括的画法，以衬托出主体物的重要为目标，主要是强调主体物形体，增强画面的情趣，如图 4-30 至图 4-33 所示。

图 4-30　天空表现图例 1

图 4-31　天空表现图例 2

图 4-32　天空表现图例 3

图 4-33 天空表现图例 4

4.3.5 交通工具表现

交通工具表现几乎不出现在室内设计中，但在室外环境表现中几乎也是必不可少的表现对象。交通工具表现从某种意义上说，不仅会增加图面的活力，还有提升图面品质的潜在作用。

一般情况下，交通工具表现时，注意汽车本身的固有色是很完整的，同时汽车的起始方向有很强的引导性，再有就是比例问题，汽车也是主体物很好的尺度参照体。在保证汽车原形特征的前提下，更不要干扰主体物，表现中我们完全可以将汽车的形态予以夸张，强调汽车的速度、品质，更加帅气、流畅一些，如此更好地衬托主体物，这是表现原则，如图 4-34 至图 4-36 所示。

图 4-34 交通工具表现图例 1

图 4-35 交通工具表现图例 2

图 4-36 交通工具表现图例 3

4.4 本章小结

　　本章对物体材质表现和配景等表现元素内容进行了分析和介绍，这是设计表现图训练前在思想上必须的认知准备，是对手绘效果图训练的重要铺垫，都是在日后的训练中要面对的。

第 5 章

表现图的基础训练

基础技法的掌握对初学者很重要，往往也是绘制过程中困扰和影响兴趣的主要问题。即便如此，我们仍然要用科学的态度对待手绘表现图的学习，必须认清学习手绘表现图不是一朝一夕的事情，要逐步深入、合理训练，急功近利的思想绝对是不可取的。

训练上可参照线性练习和涂色练习内容来进行，并以此为基础，训练由简单开始，采取循序渐进的方法，逐步增加难度和复杂程度，在过程中形成各自的风格和特点。

5.1 制订手绘表现图培训目标

设想学习过程可以按部就班地按照几个阶段进行训练，并且制订每个阶段计划完成的目标，以此实施我们的学习计划，最终达到理想的目标。

第一阶段专业透视的训练阶段，完成对透视原理的理解，对透视技巧的掌握，加强环境空间意识，清晰形体、尺度和比例之间的关系，熟练掌握专业透视实践应用能力。

第二阶段是基本表现技法的掌握，由画线开始，针对性地练习徒手的线性表现能力，由单体、物体组合到环境空间，循序渐进地稳步前进；进一步训练徒手上色的能力，加强对所用颜料特性的控制能力和画法技巧的运用，例如颜色的厚薄、干湿结合、透明程度、色彩多层叠加等。

第三阶段进入物体质感表现训练期，就是对木材、石材等几大类的材料的形态特征的熟悉和了解，并进行细部刻画的训练。能较深入地刻画细部是收回表现的基本要求。色彩微妙变化的表现能力及对材质感觉的主动表现能力表明对技法掌握的程度。

第四阶段的目标就是具备对画面整体的调控能力。形体空间、色彩空间、画面整体虚实关系的主动表现，表明技法的掌握已进入基本成熟的阶段，已经有了对"意"表现的能力。

第五阶段应在对设计表现图技法熟练的过程中，形成自己独特的设计表现图风格，自然建立起更高的表现技巧目标。个人对表现效果图的理解、内心感受在画面中表现出来。其实说，个人的表现手法形成应是水到渠成的事情。"轻松自如"、"行云流水"似的进行徒手效果图表现应是该阶段重要目标。

5.2 训练前的准备工作

我们做任何事情之前，都要做好相应的准备工作，在表现效果图训练时也是如此。虽说当今是科技发达的信息时代，做事都达到了难以想象的简洁快速、高效高质的状态，不过作为技术领域的培训，还是要尊重本身技术性规律的要求进行准备。徒手表现效果图训练就是属于这样一种状况，它在训练之前需要做大量的准备工作。

5.2.1 裱纸技术

徒手表现效果图的绘制过程中的涂色、勾勒、行笔技巧都有其独特的要求，与普通的写生是有明显区别的。因此，凡是在需要用水质颜料绘图时，之前都必须将纸贴在图板上进行粘裱，以保证纸面的平整，不影响绘图的过程。裱纸一般有实裱和空裱两种方法，实裱的胶中需加入适量的水，以免胶水过于黏稠而无法脱离画板。实践中还是采用空裱法的居多，这种方法有利于保护纸面，如图 5-1 所示。

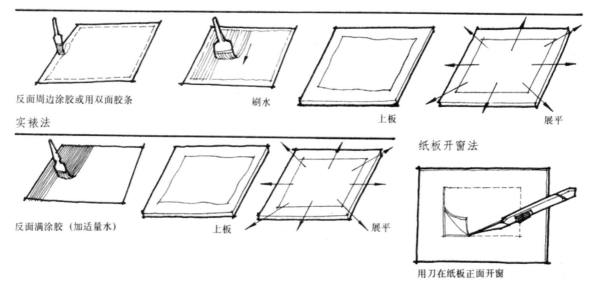

图 5-1　裱纸方法图例

5.2.2　槽尺使用方法

在以往的技术时代，槽尺技术作为常规而普通的勾线技术本是很普及的，也不是什么"高深"技术，但在如今的科技时代就不同了，槽尺使用技术就会感觉新鲜和陌生了。因此，有必要就槽尺及槽尺使用问题做一下提示。

槽尺就是在普通直尺的基础上形成的凹槽，一是可以在市场购买带有凹槽线的成品直尺，二是可以自行制作，就是用两个宽窄不一的直尺，将一端对齐粘接起来，直尺的另一端就形成了阶梯状的阴角，就可以作为槽线使用了，如图 5-2 所示。槽尺使用就是手的前端握笔，后端握支撑杆，将支撑杆放入槽尺的槽线中，连同前端握住的笔一起上下左右运行，勾勒线形或体面。这样勾勒出的线形会流畅、洒脱、利落，与徒手线形有区别，如图 5-3 所示。

槽尺是表现图画线的必备辅助工具，槽尺使用技术较之直线笔更加符合我们使用的要求，特别是水粉表现图更是必须要掌握的技法。

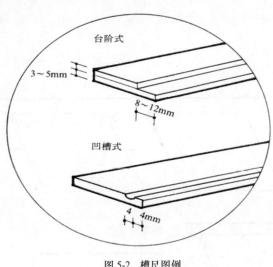

图 5-2 槽尺图例

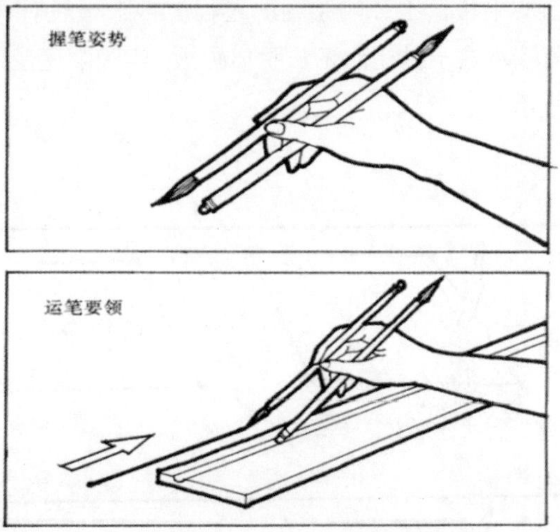

图 5-3 槽尺使用图例

5.3 手绘表现图基础技法训练

5.3.1 徒手线性表现技巧练习

用线表现物体是设计表现图绘制时必选的方式之一，技法的运用上以线条最为多见。因此，线条的表现能力训练在效果图表现中占有较大比重，它是设计表现图必须掌握的技法和技巧，尤其是快速表现图的绘制过程中，更要加强速写的训练，前提是提高观察、概括的能力，准确地把握空间尺度、物体的比例关系。每当我们用线塑形时，线形转折必须要准确无误。

训练工具的选用，以常规使用的钢笔系列、铅笔为主，在钢笔系列工具中可有不同的笔型选择，弯尖钢笔适于线与面的表现，针管笔是专业制图绘制时的专用工具，表现出的线条纤细、精致，碳素笔粗细规格不一，我们可根据需要选择使用。

在练习线条时，相比而言，使用钢笔系列工具练习难度会大一些，这种工具是很难更改的，一旦失误大多会前功尽弃。因此，开始阶段的训练不宜追求行笔的速度，准确地做形是重要的，至于线形外观如何，会随着熟练积累而流畅、漂亮起来，久练久熟，不必急于求成。另外，可根据表现对象不同进行线条的排列组合或线条叠加组合的练习。由于线条的方向、曲直、长短、疏密的不同，线性的变化对于视觉效果自然也就产生了不同的变化。

1. 线性的练习内容

钢笔线条的疏密表现练习，包括直线、曲线、折线、波线等，还有一些线形组合和重叠线的表现练习。无论是稳线还是快线，要求的是自信流畅，做到起笔收笔的抑扬顿挫，颇具书法的神韵为佳，如图 5-4 和图 5-5 所示。

2. 以线塑形练习内容

首先是线条的形体表现练习，由简单的立体几何形开始，到包括家具和物体的单体塑形练习，以及各个单体组合塑形练习，直至空间环境的局部表现练习，由浅入深，从简单到复杂的过程。首先要认识到千变万化的物体形态都源自于不同的几何形体的轮廓规范，因此说，熟知几何形体有多么的重要，如图 5-6 和图 5-7 所示。

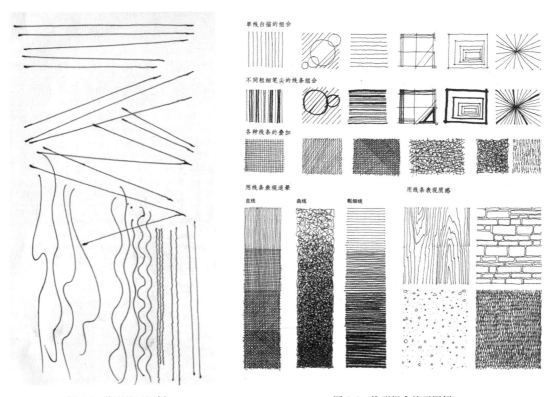

图 5-4　线形练习图例　　　　　　　　图 5-5　线形组合练习图例

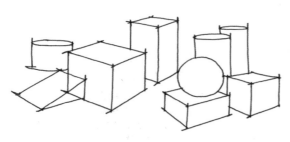 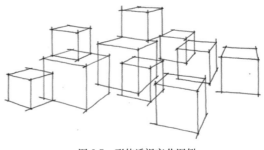

图 5-6　形体熟知训练图例　　　　　　图 5-7　形体透视变化图例

在线的练习过程中，至关重要的就是要清楚线是用来表现物体外观形状的，那么，线就会形成直线、曲线、折线等线形变化，随之会增加一些表现难度。基于这种情况，我们完全可以采取一种平稳的线速来准确地把握形态，开始阶段不急于快速用线。如图 5-8 所示，用平稳的线来表现家具陈设。

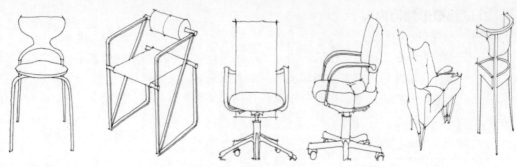

图 5-8　单体家具练习图例

　　洒脱的快线看起来带着一种激情，同时充满自信的感觉。练习时，我们可以从简单的几何形体开始，由简至繁，循序渐进地进行表现练习。最重要的还是形体把握的准确性，如图 5-9 和图 5-10 所示。

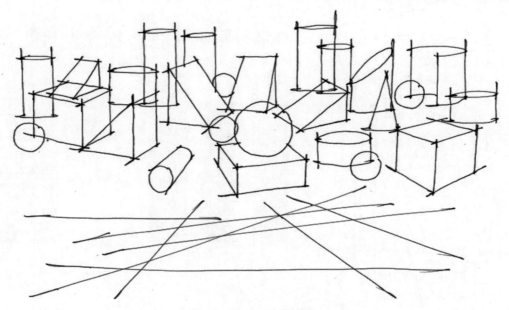

图 5-9　几何形体练习图例

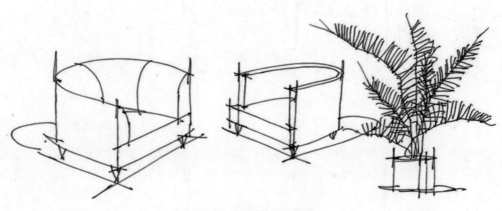

图 5-10　陈设表现练习图例

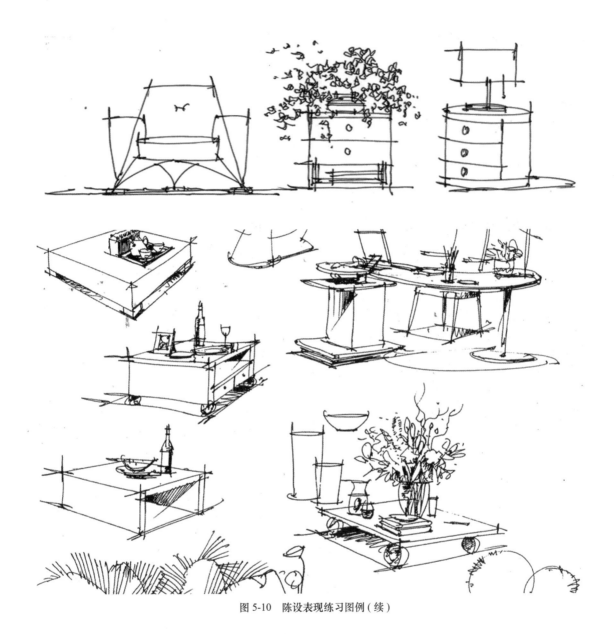

图 5-10 陈设表现练习图例（续）

5.3.2 徒手上色表现技巧练习

对于一幅完整的专业设计表现图，不仅要准确地描绘出物体的真实姿态（具备造型能力），同时，还要很好地运用色彩原理和规律，进行合理、恰当、巧妙的着色，使之更加生动、完美。当然，表现中所使用的材料选择、工具选择以及相应技法运用，特别是表现的内容、表现物体特征都是至关重要的。

设计表现图要面对大小不同面积的上色问题，为处理好上色这一环节，我们就必须有针对性地进行徒手着色训练，包括颜色平涂、单色退晕、多色退晕、色阶过渡等技巧，熟练地掌控色彩与水粉控制的浓淡变化。要提醒的是，这些针对性的表现基础练习，唯有水粉表现技法处理起来难度最大。

1. 涂色技巧训练

单色平涂：在色彩的平涂中，运笔的顺序和排列非常重要，不要在中间补笔和断笔，可在横向运笔平涂后再竖向运笔平涂，反复若干次，这样会使画面颜色均匀厚重，如图5-11所示。

单色退晕：在有顺序的笔触排列基础上，笔触相叠部分，利用水粉使颜色融合自然过渡，注意在行笔的过程中用力要均匀，如果使用水粉颜料时不可反复上色。这是色彩的明度变化，设计表现图较大面积的涂色会经常遇到，像室内设计的墙面、地面等环境空间表现，以及外空间环境的天空、平静的水面等，如图5-12所示。

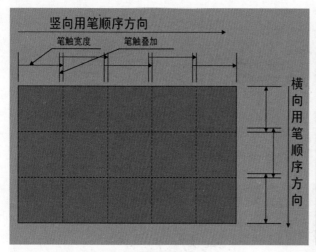

图 5-11　色彩平涂练习图例

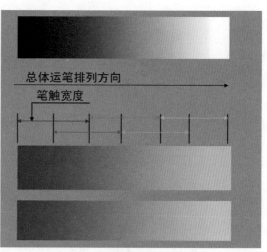

图 5-12　色彩单色退晕练习图例

多色退晕：是色彩的色相变化，相比较单色退晕要更难一些，由于是徒手表现，会有一些意外效果出现。技法上与单色退晕一致，无大的区别，注意两色叠交部分的水粉处理。多色退晕的涂色适合于光效果强烈的环境空间，像室内空间的迪吧等娱乐空间，还有夜景灯光效果的环境设计，如图5-13所示。

行笔的注意事项如下。

水平运笔法：进行水平移动，适宜大面积的涂色，例如天空的表现。

垂直运笔法：适宜小面积的涂色，上下运笔一次的距离不宜过长，避免上色不匀。

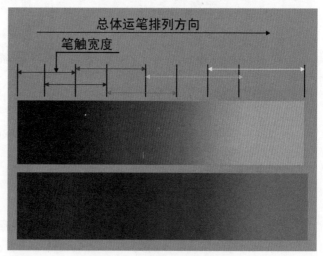

图 5-13　色彩多色退晕练习图例

环形运笔法：常用于退晕涂色，通过搅拌使颜色不断地均匀调和，使画面达到柔和的渐变效果。

以上技法多用于水质颜料表现，特别是水粉表现技法。涂色技巧的图面效果会给人以朴实厚重之感，形象表现力极强，在设计表现图的绘制中，它是一种最为常用的涂色技巧。

2. 环境渲染技巧

这种技法借鉴了中国画工笔的渲染方法，更多地倾向于水彩的表现技巧，它用水来调和颜料，在图纸上逐层染色，通过颜料的浓度变化、深浅变化来表现形体、光影、质感。但一定要注意的是颜料的特性，因为，我们在绘制的过程中几乎是不使用中国画颜料和宣纸，也就不可能达到中国画的"渲染"方式，就是说渲染的方式要按照设计表现图的要求进行，"渲染"遍数不宜过多。

这种技法也用于水质颜料表现，例如水彩、透明水色表现技巧。渲染技法的图面效果会给人以清新淡雅之感，适于线框淡彩类型的表现效果图，如图5-14所示。

图 5-14　渲染技法图例

5.4　空间与物体的体验训练

室内外空间环境的表现要根据设计中所选择、确定的空间尺度、材料质感和色彩来进行效果表现。这就要求我们首先必须对环境空间的几大界面有所清醒的认识和全面的了解，特别是对表现物体的外部形态、质感和固有颜色等方面要有实足的认知和把握，结合环境空间光线状况，形成作为效果图表现的色彩基调进行绘制，物体形态的细部变化要逐一交代清楚。

要想取得对环境空间的认知，"超写实"训练想必是很好的训练途径。超写实训练中运用写实和归纳的表现规律和空间概念，从感性到理性地提炼、概括出适应表现图特有的表达语汇，实践证明，此项练习意在感受表现物体的质感和空间气氛，对所表现的对象的形态有彻底的认知和了解，对于认识空间环境及物体质感有着巨大的帮助，为今后的专业表现打下坚实的基础。

超写实训练，我们需要利用一些符合训练要求的摄影图片，包括图片中空间环境和物体形态、材料质感、色彩关系、黑白灰关系、构图及图片内容的意境感受等方面，都要细细地筛选。而达不到要求的图片，一概不用。建议使用水粉颜料进行绘制，水粉表现力强的特点适合于超写实表现。

步骤一：首先要熟悉表现的内容，了解清楚物体的姿态、环境空间形态布局状况，图片内容的整体颜色调子等，这时就可以进行打稿、起形了。这样的起稿要结合专业透视的原理和方法，在临摹起稿中首先找出图中的消失点、视平线，确认图中的透视关系，如图5-15所示。

这一环节的训练意在训练造型表现的能力，同时拓展图片场景与专业透视之间关联性认知意识，逐步习惯用专业透视的技巧来表现环境空间场景的作法，为专业设计效果的表现进行铺垫。

步骤二：与绘画的表现过程一致，用素描关系和色彩原理对所表现的内容进行整体和局部物体的分析，再铺出大体的环境空间的颜色关系，在进行表现物体涂色的同时，继续着整形作业，逐步用颜色把表现物体的形象描绘清晰。这时的图面已有了大致的形态感觉了，如图5-16所示。

这一步骤是超写实摹画过程中起承上启下作用的一个环节。这一阶段是作者对所描绘表现的环境空间和物体形态的感知最为新鲜的时候，也是判断、激情都处在最佳的时刻，对下一步的深入刻画的走势起着决定性的作用。因此，在这一表现环节中，必须要求做到的是，准确地表达出环境空间和物体的形态感觉，正确表现出素描关系，符合色彩原理的规律，如能做到行笔流畅、概括、灵活的画面效果为最好。其目的，就是要为接下来的刻画留有表现的余地空间，特别是要增强继续深入的兴趣和激情。

　　步骤三：必须是怀着渴望的激情来到这一步。所面临的就是用所有的绘画潜能来精心刻画画面中的环境空间和物体的形态，以及物体与物体，物体与环境空间之间的关系。鉴于超写实表现的特殊性，以及水粉颜料的特点，在对图中的物体逐一进行深入的表现和刻画时，可以选择从后景至前景的顺序完成刻画，包括对整体关系进行完善直至最后完成，如图 5-17 和图 5-18 所示。

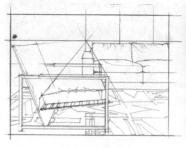
图 5-15　步骤一

图 5-16　步骤二

图 5-17　步骤三

　　这深入刻画直至完成的最后环节，对作图者来说是一个考验，这个考验就是耐心和坚持。当完成摹画全过程后，回顾这个过程的时候，我们就会深切地感到金属的坚硬与光泽，什么是面料的松软，何为皮革的雍容等一切尽在其中，一件件的历历在目。通过这样的方法得到的对物体质感表现的记忆过程，相信会是很难忘却的。谁能说这样的经历对表现效果图的"概画"技巧不起作用呢？

　　最后要说的是，这种练习选定室内题材效果会更好一些。

图 5-18　完成图

5.5　有益和有效的摹画手绘表现图

临摹有价值的手绘效果图，是掌握徒手专业效果图表现基本规律和技能的又一有益有效的方法，训练开始阶段完全可以作为常态坚持一段时间的训练。但要记得，无论哪种方式的训练都要求从理性方面加以认识，万万不可以流于表面的东西，更不能机械性地描画。

如果说超写实训练倾向于室内设计题材的话，那么，在这一环节的摹画中选择优秀的手绘建筑画也不失为明智之举。从整体的徒手训练角度看，这种选择不仅使训练范围全面一些，而且作为外空间环境的建筑画表现会有更多的线和涂色的实践锻炼机会，特别是涂色技巧的平涂、退晕，建筑画中有许多大面积的天空、建筑楼体及大量的配景等绘制内容。

在这一阶段的训练中，应对设计表现图这一画种的表现技法特征大体上有所认识，并且用理性的思维进行摹画。诸如前面我们所谈到的有关物体和配景的形态特征描画，都会在此有所察觉。如图 5-19 和图 5-20 所示为练习场景。

图 5-19　课程练习场景 1　　　　　　　　　　　　　图 5-20　课程练习场景 2

过程中要强调的是针对性训练，切忌训练中的盲目性。其一，描绘内容的针对性。主体物中建筑墙体立面材质的表现，像石材、砖体、涂料、金属板、玻璃幕、原木等，像景观建筑小品和城市家具的手绘表现；效果图表现中相关的配景，像天空的阴晴变化、时间特征描画，树木绿化季节和地域的描画，水系的动静关系，还有人物和交通工具的描绘。其二，表现原理的针对性。首先是透视的角度选择、远近关系，构图的主次、疏密、取舍等关系；其次是立体效果表现的素描关系，像形态、调子、光影等关系的描画；再有就是色彩表现问题，像固有色、色调的掌控，以及色彩的冷暖关系、明度变化等。这些都会在摹画过程逐一体味和感悟。

超写实表现课程作业

笔者从多年的教学体验中感到，超写实表现在手绘表现图的训练中有着重要价值。一则超写实表现有助于对环境空间及物体质感特征的深刻理解和认识；二则有助于培养对待事物的全面性、严谨性和深入性的思维习惯。而更重要的是在技能和技法上的作用，超写实表现是由绘画写生技法到表现图技法转换的重要过渡。

表现图临摹课程作业

如果说超写实训练是开始接近手绘表现技法的话，那么，临摹优秀的手绘表现图这一环节会使其更进一步的。通过临摹名家名作，多技法地体验手绘表现图的特点，加深初步的感性认识，从而找到一些手绘表现图技法的要点和规律，为日后的训练打下良好的基础。

5.6 本章小结

手绘表现图的基础训练至关重要，这是毋庸置疑的真理，这方面绝无"捷径"可言。在基础技能技法训练中，那些担心教学方法老化的倾向，忽视了技能技法培训的规律性，一味追求所谓快速的手绘表现，由于急功近利而产生盲目训练的倾向是万万要不得的。

同时，不可忽视艺术品质的培养。增强艺术品质修养的培养，除专业设计本身的营养，增加对与专业手绘表现并行的其他门类的艺术表现的关注度，更多地吸收和借鉴了例如视觉设计艺术、绘画艺术等。正确地看待手绘表现，在实践和教学中从容地运用它，淋漓尽致地将手绘表达发挥到最佳的状态，确保设计过程顺利通畅，使设计达到更加完美的境地。

第6章

设计表现图
分类技法

　　设计手绘表现图的表现技法可谓多种多样。尽管说在技法上略有不同，但是无论怎样，其表现目标是一致的，就是要充分地展现出环境设计的设计精髓，表达出设计思想。而在表现的形式和方法上又体现着千姿百态、争奇斗艳的一种态势。

　　一般我们把手绘表现过程形式上分为常规表现和快速表现两种情况。在技法运用上分为水粉表现、水彩表现、线框淡彩表现、喷绘表现、马克笔表现、彩铅表现、素描表现、综合表现等类型。至于说快速表现意指完成表现过程迅速，而每个技法都存在"快速"完成的可能，例如说"马克笔技法"表现起来，想不快都不容易。

　　当然，在实际的技法运用上，个人都有一些偏好，理应尊重不同的选择。现在还是将一些常见的表现技法予以介绍。在介绍中，笔者尽量结合手绘表现的发展历程予以说明。

6.1　水粉表现技法

6.1.1　水粉表现技法的特点

　　顾名思义"水粉表现"就是采用水粉颜料来作画，运用水粉画的技法特征完成手绘表现，属水溶性表现类型。可以说，水粉表现技法在设计表现中的应用最具有代表性，在徒手表现领域中占有重要的位置，应用的时间最长，是主要的一种徒手表现技术。对于水粉表现技法有必要进行仔细、深入的研究和分析。那么，就水粉颜色表现的特点，归纳起来有如下几个方面。

　　其一，水粉画的表现能力很强，善于对物体、环境空间的景致进行有效的刻画，表现内容生动而逼真，能够形成很好的画面效果，兼有水彩轻盈飘逸和油画厚重丰满之特色，在设计表现效果图的技法运用中，水粉表现技法是最为常见和最为多见的一种表现形式。那么，较之一般水粉画表现，设计水粉画表现效果图会更加细腻一些，刻画上也更加严谨。

　　其二，水粉表现技法还有一个特点，就是相对于其他技法其修改的限制较小一些，这是因为水粉颜料的特性所决定的，就是颜料的颗粒较粗，有一定的覆盖能力，甚至在极端的情况下，也可以将纸上的颜色清洗掉，重新再绘制。但要注意虽然色彩覆盖力强，如果覆盖次数过多，色彩容易出现灰暗不洁的问题。另外要注意的是颜色存在 "粉"气现象，上色时要注意加"白色"比例关系。

　　总的来讲，水粉颜色表现力突出，应充分利用和发挥其可塑性强的特点，有针对性地进行薄厚画法的结合运用，发挥出颜色本身的特点最为重要，做到科学的掌控和合理的表现，达到最完美的图面效果，如图 6-1 至图 6-4 所示。

图 6-1　水粉表现图例 1

图 6-2 水粉表现图例 2

图 6-3 水粉表现图例 3

图 6-4 水粉表现图例 4

6.1.2 水粉表现技法的材料和工具

1. 水粉表现图颜料

　　水粉画的表现颜料一般包括水粉颜料、广告色（宣传色）等，由于颜料颗粒粗，所以有较强的颜色覆盖力。现在市场上所见多以袋装和瓶装为主水粉颜料，国产颜料以上海、天津生产的合资产品居多，再有就是进口的颜料，这些颜料使用时都会有质量保证，如图 6-5 和图 6-6 所示。在涂色的过程中，值得注意的是颜料特性、颜色混合度和溶水量的掌握。特别提醒颜色在纸面出现的"反胶"现象，这与溶水量、运笔均匀程度、反复涂色覆盖都有一定关系。

图 6-5　水粉颜料图例

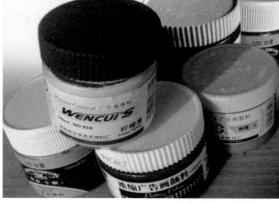

图 6-6　广告色图例

2. 水粉表现图用纸

水粉表现图的用纸比较宽泛，一般的质地较厚、密度强、溶水性好、颜色附着力强的纸张都可以，不像一般水粉画的要求那样严格。常用的水粉表现图用纸有绘图纸、水彩纸、水粉纸、卡纸（黑、白）、色纸等。但是，无论使用哪种纸都要裱糊在画板上，目的是要保证纸面的平整，因为设计效果图表现不同于一般的写生水粉画那样，需要细腻的刻画，运用许多色线的勾勒。谈到这里，还要提醒的是，使用水彩纸绘制效果图时，要注意尽量使用无纹理的那面，以免勾勒线形时发生不流畅的现象。

3. 水粉表现图用笔

由于和一般的水粉画的要求有所不同，在水粉表现效果图的绘制过程中，其用笔会更多样一些，有专用的、含水量较高的水粉笔、水彩笔，这类笔多以羊毫为主，用于物体面的涂色；有国画使用的中白云、依纹笔（叶筋笔），用于线的勾勒；还有棕毛制的油画笔，用于某些效果的表现；再有就是毛质和棕质的板刷系列，由于大面积的涂色，例如天空、地面等部位的表现。当然，打稿使用的铅笔是必不可少的。图 6-7 所示为一些常用的工具。

图 6-7　水粉表现用笔图例

4. 水粉表现图其他使用工具

除了必备的画板以外，水粉表现效果图的其他表现工具还有直尺、丁字尺和三角板（45°/45°、30°/60°）等打稿工具，如图 6-8 所示。还要特别准备水粉表现效果图必用的槽尺工具，有关槽尺工具及使用我们已在前面"画图前准备"的章节中有过介绍，这里不再重复论述，只是强调一点，手绘表现图必须要习惯于使用并且要熟练掌握槽尺技术。

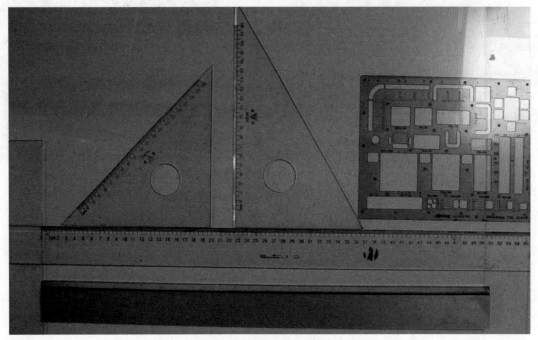

图 6-8　水粉表现用尺图例

 ## 6.1.3　水粉表现的技法介绍

1. 程序与步骤

值得特别提出的是，我们在此所作的是在二维平面的纸上表现出空间中物体三维的效果。因此，我们研究寻找的是在光作用下，物体在我们视觉中形成三维景物效果，可传达和表现元素的基本规律。运用透视学、素描原理、色彩原理等贯穿于表现过程的始终，这就是设计表现图的绘制程序。

步骤一：首先完成裱纸的环节。凡是需要用水质颜料绘图的情况，之前都必须将纸贴在图板上进行粘裱，以保证纸面的平整，不影响绘图的过程。采用刷水裱纸或胶纸带裱纸，建议进行空裱法，之后方可进入绘制的步骤。

步骤二：绘图前的准备工作。这时设计方面的问题已基本解决，只是如何将设计方案用手绘方式表达出来的问题。在选定技法的同时，计划出将要绘制的表现图相关的问题。首先，熟悉平、立面图，弄清空间组织关系，平、立面布置设计形态，材料质地、色彩的状况等；其次，依据设计主题并参照空间的需要，进行透视方法与角度的选择，确保理想的构图关系和画面效果。

步骤三：绘制表现效果图底稿。依据设计图纸平面图、顶平面、立面图的数据，运用专业透视的技术来绘制底稿，以此表现出环境空间的立体雏形。这时如果感觉到设计上存在哪些不足，完全是可以修正的。这也是经常提及的手脑最短距离敏捷感应的体现，而这又反映出手绘表现对专业设计有益帮助的一面。

步骤四：效果图的绘制。底稿完成后就要进入上色的环节，还是要依据设计主题、环境空间气氛，以及材料质感和颜色等物体形态特征来确定画面的基本色调，由环境空间开始到物体表现，有层次地进行绘制，直至完成全部表现内容的全部颜色关系。

步骤五：深入刻画与校正完善。在完成大体的画面关系后，就要考虑总体的画面效果，依据主次关系、虚实关系的需要进行取舍的强调。哪些需要进一步刻画，哪些需要减弱，都要全盘予以考虑。同时对于绘制过程中出现的失误进行校正和完善，补充有效的配景内容，使画面效果达到日趋完美的境地。完成后就可以签名，结束效果图的绘制。

步骤六：效果图的装裱。俗语说，"人配衣服马配鞍"、"三分画七分裱"，对于手绘表现效果图的装裱环节是不容忽视的，早在以前就有独特的装裱方式，就是用 KT 板作衬底，将一种透明亮光的绝缘纸罩在图面上，平整固定完成装裱，效果颇佳。而今，有条件的话，完全可以用镜框的方式进行装裱效果图，毕竟它是一个画种，除了为专业设计服务外，当做艺术品也不为过。

2. 表现技法

基于水粉颜料的特性，水粉表现效果图的技法和一般的水粉画的技法在运用上基本是一致的，但是由于最终的效果要求有所不同，故而还是存在技法运用的不同。我们还是从涂色、用色、表现方式等几方面进行一些必要的提示，供大家在练习时参考。

其一，有关水粉的涂色。我们知道，水粉颜料的最大特点就是覆盖能力强，任何形体所勾勒的线形都会被颜色覆盖住，因此，墨线填色的方法不适于用水粉颜料涂色。另外，效果图在打稿时的线也会保留不住的，这就要求在做底稿时要非常准确，同时还要放松、流畅地绘制，不可过于紧张而担心线形是否美观。那么，在涂色的过程中难免会出现塑形上的误差，所以说，采用水粉表现技法，其涂色本身也是形体再塑造的过程，就是要不断地修整形、完善形。

其二，有关水粉的用色。所谓水粉的用色就是颜色与水分、颜色与颜色之间的调和问题。首先是水粉颜料与水分之间的比例关系问题，水量过大与颜色调和后涂色，会造成图面颜色不均匀的现象，又由于颜料颗粒较粗，效果上会有"脏"的感觉；相反，如水量过少会造成涂色过程不流畅，容易拉不开笔，尤其在开始涂色阶段这样用色，不利于继续上色深入刻画，同时，还容易出现"反胶"的现象，形成画面不洁的麻烦。

那么，颜色与颜色之间的调和也需要一些讲究，像色彩的明度变化问题、色彩的色相变化问题、色彩的冷暖变化问题等，这些都需要颜色与颜色融合后方可达到目的。例如色彩的明度变化就是基本色加深变暗或变浅提亮，我们在加白提亮时，要注意白色量的比例关系，还有过多颜色加白会使整体画面产生"粉气"感觉，原因就是水粉颜料的干湿会出现颜色深浅色差，一般情况下，湿的时候颜色会重一些，干时变浅就是由于颜色有增粉的现象，因此说，这是一定要注意的问题。再有就是要熟知颜色涂在不同纸面上的效果，这一点有利于选择用纸对整体效果的影响，如图 6-9 和图 6-10 所示。

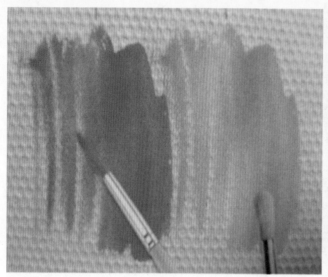

图 6-9　有纹路的颜色效果图例

图 6-10　无纹路的颜色效果图例

　　最后要谈一下色彩的纯度和调色问题。在一般的水粉画写生时，要求使用颜色不要纯度过高，俗称为"怯"，或称颜色太"生"，故此在用色时最好是两到三种颜色调和后使用，但也不提倡颜色过多的调和使用，那样会丢失颜色倾向，造成颜色或灰或脏，而高纯度的颜色使用要少且面积要小。其实水粉表现效果图的用色要求与之大致相同，不过没有那么严格罢了，这是因为效果图要有固有色表现、细微刻画和真实性表现等要求的限定。

　　其三，有关表现方式。与一般的水粉画技法一样，技法运用的容度较宽，可采用厚画法、薄画法（透明画法）、干画法、湿画法等多种技巧表现物体和环境空间。当然，前面我们既然已经将手绘表现图作为一个画种，那么，采用水粉表现绘制设计表现图，在技法运用上就必然会有独特的方式方法，这就是一般水粉画不用或少用的技法，例如平涂、退晕的表现方式，例图 6-11 至图 6-13 所示。

　　无论是室内还是室外的手绘效果图表现，最终完成大多数是上色以后（当然素描表现和一些草图速写除外），那么，涂色包括主体物和衬景，除物体的前后关系以外，同时面积大小也有所不同，故而技法运用就会略有区别，如天空、地面和墙体及室内的顶、地、墙等环境空间，这些部位相对面积较大，一般采用平涂或退晕的手法上色，一来整体感强，色彩衔接自然流畅，二来画面能够保持住完整的色调，容易营造环境空间气氛。要提醒的是，在大面积涂色时，颜料与水量的比重要适中，颜料调和到不浓不淡为好。另外，与一般水粉画不同，颜色尽量调和充分均匀为好。

图 6-11　厚薄结合表现图例

图 6-12　薄画表现图例

图 6-13　物体刻画表现图例

　　小面积的涂色，对于近景的物体，特别是主体物一定要考虑固有色因素的表现，以及与大空间环境色调的协调，同时要细腻深入地进行真实性刻画，在造型精准的情况下，正确表达出色彩关系、素描关系和画面的整体关系，这一要求是画好效果图至关重要的事情。

　　其实，无论采用哪种材料、哪种技法来绘制效果图，在开始阶段，重要的就是做到物体形态把握精准，绘画原理的各种关系处理正确，构图合理完美。这就可视为成功的手绘作品，无需要求线形和笔触的"美"，更切忌表面性的摹画形式。

图例赏析

6.2　水彩表现技法

6.2.1　水彩表现技法的特点

水彩画在国外的普及程度远远高于中国，采用水彩颜料来作画，运用水彩画的技法特征完成手绘表现，它虽然与水粉画同属水溶性表现类型，但特点上有着与水粉画不一样的感觉，如图6-14所示。

水彩画的表现能力同样很强，对物体形态的刻画颇有特点，并不亚于油画和水粉画对物体的塑造力，看看英国的水彩画就会一目了然。水彩画具有轻盈飘逸之特色，视觉感受有着清新明快、水润色轻的淡雅之美，魅力无尽。水彩表现技法是许多建筑设计师喜爱的表达方式，而建筑画采用水彩表现技法是最为常见和最为多见的一种传统表现形式，如图6-15所示。

图6-14　水彩表现图例

图6-15　水彩表现建筑图例

从颜料的特性分析，就是水彩颜料的颗粒较为细腻，因粉质少而有些透明效果，因此覆盖能力也就相对差一些，这一点与水粉颜料有所不同，更是无法与油画比拟的。也由于此，水彩画形成独特的技法表现方式，就是与"水"的关系。水是画水彩必不可少的重要物质元素，同时，在绘制过程中起着桥梁和媒介的作用，水量掌控与否决定画面的成败与否。

总的来讲，水彩颜色有其材料特性，应充分利用其可塑性强的特点，技法运用上有干画和湿画的方式，如何发挥出颜色本身的特点最为重要，将技法特征淋漓尽致地运用在效果图的表现上，尽力达到合理性和完美性。

6.2.2　水彩表现技法的材料和工具

1. 水彩表现图颜料

水彩画的表现颜料为专制的颜料，现在市场上所见多为袋装水彩颜料，国产颜料以老字号厂家生产的产品居多，也有国外生产的进口颜料，这些颜料使用时都会有质量保证。涂色过程中，值得注意的是颜料特性，由于颜料颗粒细腻，颜色覆盖力较差，一旦出现修改问题，就要由其他颜料辅助完成。用水彩技法绘制效果图时，还应配备一些水粉色、透明水色等颜料，要注意同为水溶性的丙烯颜料是坚决不可混合使用的，如图6-16所示。

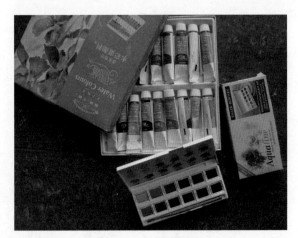

图6-16　水彩颜料图例

2. 水彩表现图用纸

水彩画的用纸与水粉画的用纸有些类似，但是，没有水粉表现图的用纸那样的宽泛，最好使用专制的水彩纸或近似的水粉纸，因为水彩画表现要充分考虑水量的问题。需要提醒的是，与水粉表现图一样，基于设计表现图特殊的效果要求，也要将纸裱糊在画板上，以确保证纸面的平整，也是为了细腻的刻画和色线的勾勒。不过，对于纸张裱糊，可依据经验和习惯并结合画法来采取措施，倾向于效果图技法的画法裱糊为好。反之，倾向于水彩画技法的建筑画也可考虑不裱糊，毕竟水彩虽然用水量较大，而相对于水粉颜料还是柔和了许多，加之水彩纸本身的纹理也会多少控制一下纸面遇水而出现的变形。

3. 水彩表现图用笔和工具

与水粉画的要求有所不同，水彩表现图在用笔方面很简单，有专用的、含水量较高以羊毫为主的水彩画专用笔就可以了，从涂底色的大中号笔，到勾勒用的小号笔应准备齐全。当然，必要的辅助用笔也要准备几支，如图6-17所示。值得提醒的是，在用铅笔起形打稿时要准确，行笔应简练概括，不可过于草率和漫不经心,如画面形成过于混乱的线形,水彩这种颜料是很难覆盖住的。

除了必备的画板以外,其他表现工具是一些常规使用的,包括直尺、丁字尺和三角板(45°/45°、30°/60°)等打稿工具,还有就是前面多次提到的槽尺工具,也许水彩表现使用槽尺不会像水粉那样频繁,但准备还是必要的。

图 6-17　水彩用笔图例

6.2.3　水彩表现的技法介绍

无论哪种画法,设计表现效果图绘制的程序与步骤大体都是一致的,其他细节可依据技法要求和个人习惯来选择处理,这里就不再重复了。这里还是就水彩表现的技法特点做一些分析与介绍。

从水彩表现的技法来分析,水彩画确有其独到的魅力特色。水彩表现技法整体感觉是色彩透明、亮丽、明快,淡雅的视觉效果显得层次分明。依据色彩透明的特性,水彩表现图技法可重复叠加渲染色彩,深入地表现物体,但不可层次过多,避免画面颜色污浊。需要注意水彩技法涂色的规律是从浅到深着色,笔触要简练概括。与水粉表现不同的是,水彩表现涂色要有留白处理,这是该技法轻快特点的一面。而单就技法来说,水彩表现可以薄画,也可以厚画,水彩技法有湿画法,也有干画法等表现方式。

1. 水彩表现的湿画法

水彩表现技法的湿画法是最为典型的绘制方式,最适于标准的水彩画风景写生,同样在设计表现效果图的建筑画中也会经常使用这种表现技法。其精髓就是水色交融,关键还是水量的掌控,其要领在于,涂色是在画面湿的情况下进行的。湿画法将水彩的特性与风采发挥得淋漓尽致,其效果柔润迷离的感人之处尽在其中。

湿画法在绘制中有两种情况:一种是从绘制开始将画纸全部打湿,直至完成结束,都是在画面潮湿情况下进行的,就是在胸有成竹的情况下,一气呵成地绘制出来,不要拖泥带水,这种画法很难掌控,需要有很强的技术能力作保证,不然是很能完成的。还有一种情况,是将要画的部位打湿,然后涂色,保持未干的状态,继而融入其他的颜色。这种湿画法需要具备一定的经验,其用色和用水量尤其重要,因为颜色在由湿变干的过程完全是用经验预测,画面中出现的色渍、水渍自然性较强,但也会有些意想不到的画面效果出现,如图 6-18 所示。

2. 水彩表现的干画法

要强调的是,水彩表现的干画法绝不是用色时少加水的方法来涂色,而是色彩叠加时,要待上一遍的颜色干透后,才去进行下一颜色的涂色,这是水彩表现最基本的技法。在设计表现效果图的绘制中,对于物体形态的刻画,可以更多使用这种技法,特别是室内设计环境空间的效果表现。因为干画法相对于湿画法,对画面效果的掌控会更有把握一些,如图 6-19 所示。

从技法运用的角度来分析，在水彩表现效果图的绘制中，建议还是根据内容题材的需要来合理运用表现方法，一味地干、一味地湿都未必适用，怎样做好干湿结合、薄厚结合，使画面赏心悦目起来，还有待在实践中慢慢体味，如图 6-20 所示。

图 6-18　水彩表现湿画图例　　　　图 6-19　水彩表现干画图例　　　　图 6-20　水彩表现干湿画法图例

图例赏析

6.3 线框淡彩表现技法

6.3.1 线框淡彩表现技法的特点

  所谓线框淡彩表现就是以线框为主，以颜色为辅的一种设计表现效果图的表现方式，无疑线形勾勒是主体，线是表现形体的主要因素，物体的细节用线表达清晰，就是说线形完成后，效果表现已完成近 70% ～ 80% 的工作量，最后用颜色加以点缀即可，色彩作为表现的补充元素。这种表现技法简洁快速，其色彩明快鲜艳，画面效果高雅，装饰感强，比水彩更为清丽，适于快速表现，这就是线框淡彩表现技法，它是一种专业性强的表现形式，细节的表现也是有很强的说服力，如图 6-21 所示。

  在线框淡彩表现技法系列的介绍中，还有一种偏重淡彩的技法，就是不显现线框，只是强调色块的表现形式，技法上近似于中国画"没骨"画法，这是介于工笔和写意之间的一种传统画法，兼有两画法的特点。而表现效果图的淡彩方法就是与"没骨"有着异曲同工之妙，如图 6-22 所示。

图 6-21　线框淡彩图例

图 6-22　无线框淡彩图例

6.3.2 线框淡彩表现技法的材料和工具

1. 线框淡彩表现图颜料

既然是线框淡彩，那么线就很重要，因此线框淡彩表现技法所选择的颜料就要适合此画法的要求。为保留更完整的线形，所选的颜料就应是无覆盖的那种颜料。要达到这一目标最适合的颜料就是透明水色，透明水色实际最早是为黑白照片上色用的一种颜料，经过实践而转为一种美术颜料。这种颜料的天然性较差，因此，需经过反复的实践才可掌握它的特性，例如，同样的颜色涂在不同质地的纸上，干透后的颜色会有所不同，而且更不宜多色混合使用，以防其化学性能使颜色发生变化，使用这种颜料必须要有足够的经验。故此，透明水色适于颜色清淡的画法。

线框淡彩技法还以选择水彩作为使用的颜料，毕竟水彩这种颜料的覆盖力较小，恰当地使用是完全符合线框淡彩技法要求的。如果是以淡彩为主的表现技法，使用水彩颜料就再恰当不过了。其他可使用的颜料还有水溶性彩铅，这种彩铅在市场中以日本产的进口商品居多。

还有为修改图面的方便，当然还要准备一些水粉颜料。

2. 线框淡彩表现图用纸

用纸的选择与技法要求有关，除此之外，还与使用颜料有关。线框淡彩表现技法要保证线形勾勒顺畅，除特别效果要求外，落墨的线形牢固，遇到颜色不阴不散。那么，用纸就要选择密度强、克重大、耐磨性好的类型使用，那种溶水强的"糠"性纸是不适用的。结合淡彩表现特点，首选绘图纸会理想一些，绘图纸的面层有矾成分处理，纸面有一定的强度，适于线形墨色的勾勒，对透明水色的反应也不是过大。

当然，一些密度强的白卡纸、水粉纸也是可以考虑使用的类型，只是要求一定要了解和掌握纸和颜色结合后的变化，做到胸中有数。再有就是要用因地制宜的心态面对问题，一切都会迎刃而解。

3. 线框淡彩表现图用笔和工具

线框淡彩表现图的用笔主要是针对线形勾勒来准备的，相对而言是较为简单的。最为常用的线框勾勒用笔工具，就是专业制图用笔——针管笔，针管笔的线形粗细种类较多，可供选择的余地大，使用起来比较方便。另外，高级的签字笔和速写钢笔等都可以用于线形的勾勒。淡彩涂色的毛笔选用那些吸水性好且有弹性的那类，羊毛笔和尼龙笔就可以，如图 6-23 所示。

除了必备的画板以外，其他表现工

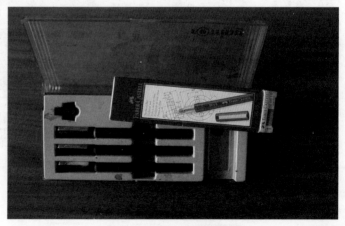

图 6-23　线框淡彩绘图笔图例

具是一些常规使用的，包括直尺、丁字尺和三角板等打稿工具，还有就是前面多次提到的涂色槽尺，详细说明参见"水粉表现技法"的章节，这里不再重复。

6.3.3　线框淡彩表现的技法介绍

1. 线框淡彩表现技法绘制的一些问题

线框淡彩表现技法的绘制程序和步骤与其他技法别无二致，请参看"水粉表现技法"的章节即可。只是纸张裱糊问题需说明一下，由于线框淡彩表现技法以线形勾勒为主，而淡彩对纸质变形的影响不大，可以轻裱。但如果是偏重淡彩绘制，那么最好要将纸张裱糊一下。

在介绍表现技法之前，先了解和分析一下线框淡彩表现技法的绘制要求和容易出现的问题。线框淡彩表现技法的图面对清洁度要求很高，这是因为过多的修改，频繁地在纸面上涂擦会破坏纸的表面光滑度，这不仅对墨线勾勒不利，还会对着色有不良影响。勾线和涂色后不宜修改，因此，绘制时一定是有十足的把握才行，过程中要谨慎行事，不可粗心大意。

2. 线框淡彩表现技法介绍

线框淡彩表现的技法其实不复杂，要掌控它的技能主要就是实践经验的不断积累。就技法而言，无外乎是线框和淡彩方面的问题，我们可以分开来进行分析和研究。

线框淡彩表现技法最明显的特征就是画面的线形保持完整。通常情况下，勾勒的墨线要靠尺完成，技法上应该不陌生，只要用心也不会太难，因为在之前已有过很多专业透视表现和制图的练习，注意形体表现准确、构图美观就可以了。另一种墨线勾勒就是徒手表现，相对而言会有一些难度，但如果不断地体验草图、速写，也不会有太大的问题，实际上线的表现需要的就是一个熟练过程，毕竟专业设计表现效果图与常规的绘画在艺术性要求上有所不同，我们从思想上应不存在什么压力，如图 6-24 和图 6-25 所示。

图 6-24　线框勾勒图例 1

图 6-25　线框勾勒图例 2

至于淡彩涂色在这种技法的表现上所占比重不大，但却不容易表现好，这是因为越清淡越简洁就越需要技巧，难度自然也就越高。精准、概括、是表现中的要求。淡彩在涂色的要求上，应是按由浅到深的顺序进行，涂色注意处理好远近关系、色彩关系和素描关系即可，无需追求高难度的笔触。

技巧上运用平涂和退晕手法进行色彩的叠加，注意叠加不宜过多。渐变色也可借鉴中国画工笔渲染的技术进行上色。即便偏重淡彩表现的涂色同样适用，如图6-26所示。

图6-26　线框淡彩图例

还有一点要说的是，由于线框淡彩表现技法表现图存在不宜修改的问题，因此它会经常与其他技法混用，或者说其他技法也会运用结合到线框淡彩技法的表现中。总之，线框淡彩表现图只要少些激情和毛躁，多些耐心和冷静，相信一定会描绘出完美的表现图。

图例赏析

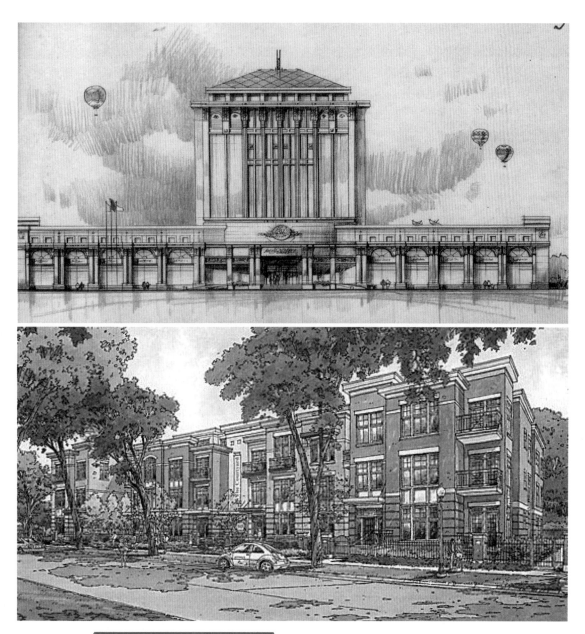

6.4 喷绘表现技法

6.4.1 喷绘表现技法的特点

在手绘设计表现的发展历程中，喷绘表现技法在实践中的应用有过自身非常辉煌的时期，在计算机应用普及以前的8～10年里，具体大约在两千年初期之前的那段时间。那个时期，在设计手绘表现领域里，喷绘表现可以说是独占鳌头。也可以说是以水粉表现图为主的表现技法上的进步，一幅优秀的喷绘表现图，在物体与环境的表现上会有以假乱真的奇妙，也有艺术性表现的灵动，单就图面效果来讲，可以达到美轮美奂、赏心悦目的境地。

如果以一个画种的眼光去看待的话，喷绘表现技法最大的特点就是，也是最大的贡献，就是降低了徒手大面积涂色的难度，使物与景的表现更加的逼真，喷绘技法在平涂、退晕等方面表现，从技术上较徒手绘画简便、容易了许多，喷出来的颜色可厚、可薄，同样有透明和不透明画法的特点变化，使其画面效果有清爽、细腻、逼真、生动之感，最终完成结果更贴近设计表现效果图这一画种的表达要求，使这一画种的徒手表现能力上了一个台阶。

事物总是存在着两面性，既有优势也有劣势，喷绘表现纵然有这样或那样的有利方面，同样也有其不足之处，就是操作过程较为复杂。其一，喷绘过程会使空气受到一定的污染，应有一个独立的工作空间，必须还要配备防护的设备。其二，画面喷绘时，必须要配备一些遮挡板，不然无法进行喷绘。再有喷笔使用后要经常的清洗。的确，喷绘过程不会是那么轻松的。

6.4.2　喷绘表现技法的材料和工具

1. 喷绘表现图颜料

如果说喷绘表现的出现推动了手绘表现的发展，那么，最为受益的当属水粉表现技法了，而且带来的变化最为明显，皆因喷绘技术降低了水粉溶色、变色和接色的难度，也唯有水粉技法在这方面的难度最大，并且基本上消除了水粉颜料由于用色不当而出现的"反胶"现象，加之水粉颜料的覆盖力强，易于喷绘发挥其特点。所以，喷绘表现图首选理应是水粉颜料。那么，有关水粉颜料的介绍可参见"水粉表现技法"的章节。

当然，其他颜料也可以作为喷绘的材料使用，如水彩颜料、透明水色等水溶性材料。使用这些颜料时要求取决于画面和技法是否需要才可使用，因为这些颜色材料一则颗粒细腻而缺乏覆盖力，再有从技法上对于变色和接色不会像水粉技法那样。总之，颜料选择要按需所取。

2. 喷绘表现图的用纸与用笔

考虑喷绘表现技法的使用颜色，那么，喷绘用纸与"水粉表现技法"章节中所介绍的用纸基本一致就可以了，像色纸、水彩纸、水粉纸、绘图纸等适合于水粉技法的用纸。详情参见"水粉表现技法"的章节。

至于喷绘用笔，大多数的用笔与水粉表现技法用笔一致，包括含水含色量足的羊毫笔、大面积涂色的羊毛或棕毛的板刷、线形勾勒的叶筋笔等，另外要准备一些效果表现的用笔工具，如色粉笔、马克笔等。最主要的是喷绘使用的喷笔，如图 6–27 至图 6–30 所示。喷笔是由笔杆、色斗、顶针、气喉、气泵组成，需要插电后才可使用，以顶针的移动来控制颜色量的大小。过程操作并不复杂，只是注意使用后要及时清洁，以免颜料的胶性造成的堵塞。市场上多见的进口品牌有日本的 OLYMPOS、德国的虹环，现在国产的喷笔比较少见。

3. 喷绘表现图的其他工具

喷绘表现技法使用的工具与水粉表现技法使用的工具别无二致，只是再次强调一下，槽尺与槽尺使用在喷绘技法中必不可少，不然就会失去喷绘的意义。比较特殊的辅助工具是喷绘时使用的遮挡片，遮挡片并无什么标准，只要防水不变形、易加工（有些喷绘目标外形不规整需加工）的材料就可以，例如塑料类型合成的薄板或胶片类型的材料，A4 大小的准备 10 ～ 20 片即可。遮挡片是保持画面层次的清晰，避免画面模糊、浑浊必备的辅助材料，如图 6-31 和图 6-32 所示。

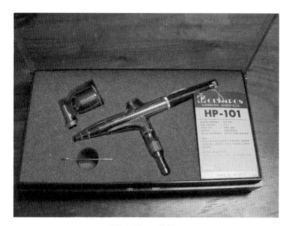

图 6-27　喷笔

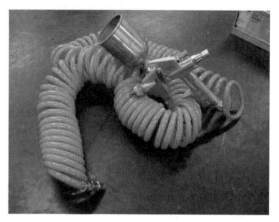

图 6-28　喷笔与气喉

图 6-29　喷笔气泵

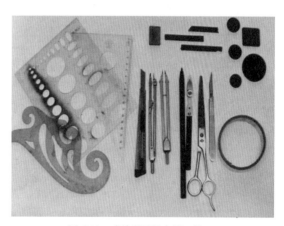

图 6-30　喷绘所需的应用工具

图 6-31　棉质遮挡物喷绘效果

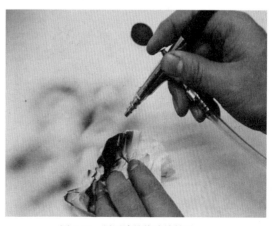

图 6-32　纸团遮挡物喷绘效果

其他需要准备的材料有渗纸块、吹风机等。吹风机的作用是使画面颜色尽快干透而更为平整，继续下一步的上色，要注意强热风也会造成颜色不均匀，一般使用弱风挡较为稳妥。总之，这些工具都是方便喷绘的辅助工具。

6.4.3 喷绘表现技法介绍

纯粹的喷绘表现效果图，实际上可以理解为水粉表现技法的升级版，之所以选择水粉颜料，也是考虑水粉表现力强的特点，加之喷笔技法的润色，本应会取得最为理想的视觉效果。既然如此，本节中所解决的难题大多是与水粉技法有关，故此，技法介绍中也是围绕着水粉表现技法而进行。

1. 绘制前的准备

绘制前要进行相应的准备，包括选择好用纸、用笔、工具及辅助工具，在纸张的选择上，一般选择润色性能好且纸表面平整的，水彩纸使用无纹路的背面绘制，或厚一点的绘图纸或有色纸也可以。按照常规程序，从打稿开始进行绘制。喷绘表现的画纸是必须要裱糊的，只因绘制的过程中要经过许多次干湿变化，一定确保纸面的平整度，这样喷绘起来才会得心应手。

2. 喷绘表现技法

所谓喷绘，不可能完全以喷当绘，总会有所偏重，一般情况下，喷绘表现有两个倾向：一种以喷绘为主、画为辅；另一种相反，以画为主喷、绘为辅。

待底稿完成后，紧接着绘制程序上要涂底色（如选择了色纸就可免掉这个程序），底色完全干透后，可对表现物体进行平涂上色，这种上色要考虑物体的固有色，后面的事情可以交给喷笔来完成，体面的明暗变化、冷暖变化都可以用喷绘技法搞定。回过头来就可以对体面做进一步的刻画，如石材纹理、木质板材的花纹、金属材料的光感等。接下来对具有柔润的部位，如光晕、投影等，用喷绘进一步强化，最后，将配景的内容添加到画面中，稍微整理，一幅喷绘表现效果图即告完成。有关喷绘要领如图6-33和图6-34所示。

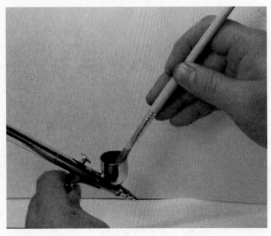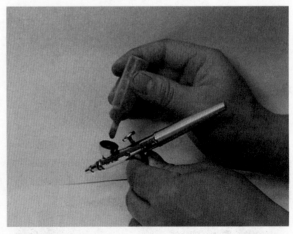

图6-33 加色的方法图例

图 6-34 喷绘力度控制图例

除此之外，要注意喷绘时喷笔与纸面的角度和距离，如图 6-35 所示。还有，水和颜色的调和问题，以及保证气流的稳定和顺畅，否则就会出现一些怪异的图形，影响图纸的绘制，如图 6-36 所示。

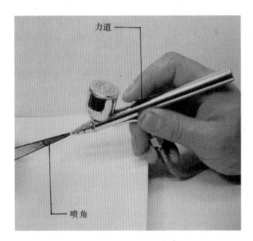
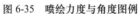

图 6-35 喷绘力度与角度图例

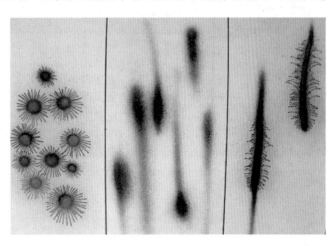

图 6-36 异常图形图例

从技法角度和效果图作用来看，需要手绘技能的灵性展现，同时还要考虑到效果图的效力，过多的喷绘要花很长的时间，所以既然是手绘表现绘制效果，也不能完全依赖于喷绘。一幅表现图的绘制，如何使用好喷绘技法呢？我们要有一个原则，就是那些徒手难以达到理想效果的地方，可用喷绘来解决。在建筑画、室内表现图中，最为明显的就是光感、光晕的表现，喷绘可以很轻松地完成。另外，喷绘还有将空间环境协调、统一的能力，这一点对于表现效果图来说也是很重要的事情。如此说来，喷绘不仅存在独立完成表现效果图的方式，同时也可以参与到其他技法表现的绘制当中。那么，这里所谈的观点，其实不仅仅是喷绘的技法问题，还有一个怎样合理运用喷绘技法的问题。

图例赏析

6.5　马克笔表现技法

随着计算机制图在行业中的普及运用，原本那些传统的手绘表现技法在行业中的作用从表面上就黯然失色了许多，原本在传统表现时期"非主流"的马克笔表现悄然浮出水面，随之就风起云涌般风靡了行业，似乎设计表现的方式已被认同为：要么是计算机制图，要么就是马克笔徒手表现，这就是如今设计表现图的现状。那么，不管这种情况科学不科学，合理与否，毕竟马克笔表现如此受青睐势必有其自身的优势，也确实值得对马克笔表现技法进行深入的分析和研究。

6.5.1　马克笔表现技法的特点

说起马克笔表现确有一些历史记忆，那是在 20 世纪 80 年代末期和 90 年代初期，南方发达城市的一些设计表现效果图使用过马克笔绘制，那时并没有过多关注技法问题，只是觉得快速、新鲜、时髦。其原因也是国内装饰设计行业虽繁忙但并不发达，绝大多数城市见不到马克笔工具，即便有其颜色也不齐全。现在就今非昔比了，马克笔已以绝对优势流行于专业设计之中。

首先，马克笔表现的优势明显，操作前准备工作简单、省工省力，是快速表现首选画材工具，同时，它还能够保持清洁的绘制环境空间。绘制过程中具有着色简便、快速省时的特点，图面画风有草图的豪放，有速写的洒脱，有水彩的飘逸，有赏心悦目、俏美华丽的视觉感受，具备浓烈的文化艺术风情，同时也充满着强烈的时代气息。

另一方面，马克笔表现要求线型勾勒流畅、准确，绘制过程中的笔触不要拖泥带水。同时，绘制中必须要了解马克笔的色彩不宜修改的特点，最好在着色时注意绘制次序，一般是由浅至深比较容易控制，最后要视整体的画面效果，可以用深色调整、点缀或强调。另外，马克笔表现技法对纸的要求还是有些讲究，合适的纸张会有好的效果，所以选择时一定要谨慎。

6.5.2　马克笔表现技法的材料和工具

1. 马克笔表现的用笔与颜料

马克笔如今俨然已成为设计表现图的热门用笔，不仅仅是环境设计，还是服装设计效果图、产品设计效果图的得力工具。那么，究竟马克笔是怎样的呢？的确，要想用好马克笔，必须要详细了解马克笔的性能。马克笔又称麦克笔，如果将其看成记号笔就非常简单了，但作为绘图工具就要复杂多了。

先了解一下马克笔的笔头构造。马克笔笔头有单头和双头之分，当然双头马克笔更方便使用，可以一头涂色，另一头勾线；笔头有纤维型和发泡型两种类型，比较而言，发泡型笔头的涂色面积更大，笔触的变化也更多一些，如图 6-37 所示。还有马克笔的墨色有一定特点，就是色彩可以叠加但不混合。

再者需要了解一下马克笔的墨色类型和特点。一般习惯性分类将马克笔分为水性马克笔和油性马克笔，细分的话还有酒精性马克笔，墨色类型不同，其表现效果也是略有差别的。

纤维笔头，出水流畅

163
Green
Bice

笔帽型号标示，方便使用

图 6-37　纤维笔头和发泡型笔头图例

　　水性马克笔的特点相对而言具有鲜明性，颜色亮丽，有透明的色感，色彩稳固性较好不易变色，而且表现的笔触清晰完整，如果用水进行涂抹揉色，还会出现水彩效果。需要注意的是，如果多次叠加覆盖后色彩变灰，色彩感觉浑浊，不仅如此，而且容易损伤到绘图的纸面。总体来说，水性马克笔的最大特点就是水溶性，一旦墨色不足，少量注水可继续使用。

　　油性马克笔的特点是穿透力极强，而且有较强的附着力，耐水、耐光性相当好，因挥发快而使颜色由湿变干的速度极快，故非常省时，迫使要养成一气呵成的绘制习惯。油性马克笔笔触的特点是色彩柔和，笔触优雅自然，易于颜色的调和过渡，加之淡化笔的处理，效果很到位，也因此，颜色叠加后不会伤纸，具有柔润平和的特性。需要注意的是，油性笔干后颜色会变淡，要凭借经验来处理好此类现象。总之，油性的马克笔使用范围越来越广泛。

　　酒精性马克笔与油性马克笔的特性类似，同样具有速干、防水的特点，且有一定的环保性。其墨色溶剂为酒精，颜色效果较之油性马克笔稍淡一些，且酒精的气味更浓一些。提醒注意的是，酒精性马克笔最好是在通风条件好的环境中使用，谨防在日晒和近火源的地方放置。

　　关于马克笔的性能，还是要实践体验才有真正的感觉，所谓"用了才知道"。不过，选择购买马克笔还是不可盲目从事，目前市场上有品牌可作为一些参考。进口类有美国的 AD、SANFORD，韩国的 TOUCH，德国的 IMARK，日本的 COPIC 等，国产类有凡迪、尊爵、天鹅等。选购时除质量、类型外，关键是性价比，如图 6-28 所示。

图 6-38　不同品牌的马克笔图例

图 6-38　不同品牌的马克笔图例（续）

其他用笔也要准备一些，包括线形勾勒用针管笔、签字笔、钢笔等，效果用彩铅笔、色粉笔，还要准备一支涂改笔，备用修改线形及高光提亮。还要适当备上一些水粉颜料。

2. 马克笔表现的用纸

大致了解了马克笔的性能，那么对于纸张的选择就会容易许多。除了马克笔专门用纸外，还可以选择 80 克以上的打印纸，条件允许的话也可以选用彩色打印纸，绘图用的硫酸纸也可以考虑使用，不过在硫酸纸上使用马克笔，会因颜色不足而偏弱，造成颜色发灰的效果。

6.5.3　马克笔表现技法介绍

马克笔表现技法其实还是与笔的性能有一定的关系，所表现的内容无外乎物体与环境的各种关系、形态、质感、光感等问题，技法的任务就是把这些问题处理得当和表现准确。

1. 马克笔表现笔触

马克笔的精彩之处就是排列的笔触，用笔触来完成所谓的平涂和退晕。先看看平涂感觉的笔触涂色要求，一般笔触的排列要均匀平稳快速，尽量减少或不要重复笔触，以免造成画面笔触的混乱，会因不流畅而影响视觉效果，笔触排列时用力均衡。另外，运行的笔触要根据物体形态的不同，采取灵活多变的用笔方法予以表现，切忌表现的笔触千篇一律，呆板毫无生气，就是说不可一味地排列色块，适当有些疏密、宽窄的变化，笔触方向适时有所调整和改变。

再看退晕笔法涂色的情况。使用马克笔做简便退晕效果，用墨色进行是理所应当的，就是说通过颜色变化进行过渡，如要均匀自然，行笔速率一定要快，借颜色未完全干透时搭接，待干后用深的笔触在重要部位进行强调即可。此外，要主动追求笔法变化，例如有一些行笔采取实入虚出的模式，这需要在用力上有所变化，实入时用力，虚出就是自然抬起减力，色块就会有虚实、深浅的变化，如图 6-39 所示。

图 6-39　马克笔上色图例

总之，笔触笔法总的要求是在有规律的前提下，必须有适当合理的笔触变化，有张有弛地运用笔法，达到大方而灵巧的完美境地。

2. 马克笔表现的综合用色

大家知道，一般马克笔的绘制程序是这样的，首先用铅笔打底稿，然后用墨笔把表现物体的形态轮廓勾勒出来，勾勒墨线时不必紧张拘谨，更不要追求所谓的"帅"线，把握造型准确是关键，即便出现一些小的失误也没关系，因为，马克笔涂色是完全可以弥补过来的。

接下来就是马克笔涂色了，按照马克笔的行笔要求进行，注意马克笔一画上去就不可涂改，特别是油性马克笔更是如此，因此，行笔绘制时必须要做到心中有数，尽力发挥马克笔疏密有致的涂色笔触。然而，这时我们会发现，单纯地使用马克笔，在表现较为丰富的颜色关系时会有些吃力，那么，彩色铅笔会轻松地弥补这样的不足。事实证明，在线描墨稿表现图的基础上，也可以综合其他材料和技法进行较深入的刻画，例如像水溶性彩色铅笔、色粉笔、水彩色等，这样就可以扬长避短，以此增加层次感和立体感。而它们完全可以依附于马克笔使用并发挥自身效能的，正是它们的加入才极大地丰富了画面的表现效果。

3. 马克笔用色中注意的问题

马克笔表现的经验都是靠实践获取的，像线色关系、涂色规律以及表现方式要求等，这些问题都是很突出的，提醒我们必须要加以重视。

其一，墨线与色层的关系。通常情况下，墨线底稿勾勒完成后就要用马克笔涂色，这时就会产生墨线与颜色层接触后的反应情况。一般情况是这样，水性墨线与油性色层接触后，相互之间不会遮掩也不溶解，而且色块对比强烈，具有很强的形式美感。还有酒精性马克笔的色层也不会对墨线有阴开的影响。而用油性笔勾勒墨线后，在很短的时间内用油性马克笔涂色，我们会发现，勾勒的墨线会有阴开的情况，除非需要这样的效果，否则就要考虑避免这样的情况出现，因为都是油性的，所以墨线很容易花掉。避免此类情况出现也有一种办法，就是使用硫酸纸，正面勾勒墨线，背面马克笔涂色的方法，前面已提到，这样涂色的问题是透明性不太好，在正面看很灰，需有思想准备。

其二，马克笔涂色次序问题。前面也提及过此类问题，这里只是再次提醒注意。马克笔颜色透亮无暇，其附着强但覆盖性较差，浅色是无法覆盖深色的。所以，在效果图绘制涂色的过程中，要有一定的次序性，应该先上浅色而后覆盖较深的颜色。并且要注意色彩之间的相互和谐，忌用过于鲜亮的颜色，应以中性色调为宜，保持画面统一稳重的视觉效果。

其三，涂色行笔的问题。在行笔的过程中，用笔的遍数不宜反复过多，还要注意，在第一遍颜色干透后，再进行第二遍上色，而且要准确、快速。否则色彩会渗出而形成混浊之状，没有了马克笔透明和干净的特点。再有，在绘画时尽量避免线条的重复勾勒，以免造成纸张破损。在绘画结束后，要有一定的干燥时间，勿用手去碰摸。这些涂色行笔的方式都是对纸及画面的有效保护。

其四，要谈一谈有关表现方式的问题。我们知道，设计表现效果图也称为商业性效果图，大多是设计完成后的最终表现。除此之外，还有就是设计过程的效果表现，设计师需要绘制的效果图，主要作为设计过程的表达图。最终表现和过程表现的目标用途有所不同，因此，在画法和深度上的表现方式会有不同的侧重，一定是有所区别的。马克笔在过程表现时要抓大放小，可以表达出设计的整体概念为主，不需要十分注重细部的刻画，甚至以单色为主，只进行局部的涂色就可以了，注重效果感觉，以便调整和完善设计方案。两种表现方式都会有马克笔很好的用武之地，如图 6-40 和图 6-41 所示。

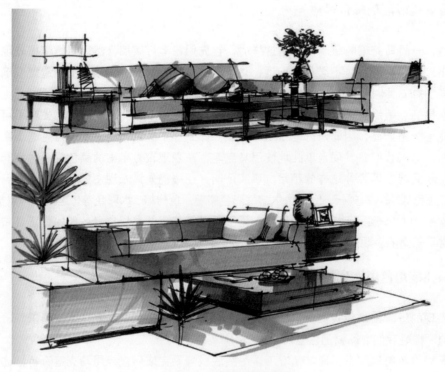

图 6-40　室内家具表现图例

图 6-41　景观表现图例

　　总体来说，马克笔表现技法的运用，必然有其一定的规律，切记不可千篇一律地照搬而平庸地仿和学，要有自己的个性主张。然而，要想熟悉和了解马克笔特性和表现技法运用，最好的办法就是亲身的体验，以领会其中的奥秘和精髓。

图例赏析

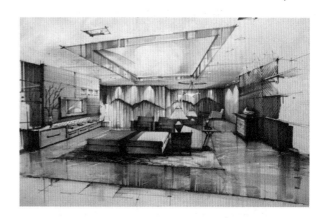

4. 马克笔表现绘制步骤

马克笔表现综合了专业透视、素描和色彩原理，在表现时一定要有所体现，即我们常常提及的所谓"素描关系"和"色彩关系"。在表现过程中，表现步骤和次序非常重要，这是因为马克笔表现工具不比水粉颜料，所能调整的余地较小。

步骤一： 开始画面的构图，选择好透视类型，将表现空间中主要的物体简单概括地勾勒线形，大体的比例、尺度关系一定要准确，主要表现的物体有哪些，如何进行取舍等。同时，计划出画面构图。

步骤二： 继续用线完形，抓住物体和环境的基本特征，某些细节要基本表现清楚，个别的错线或重复线不必担心，涂色时还会有修形的机会。以上两个环节最好采用徒手勾勒线稿的办法，直接用墨笔绘制，这样有益于锻炼透视感觉和造型能力，另外会意识到涂色同样有修形的作用。

步骤三：依据空间环境的物体材料和质感确定画面的色调，将主要的颜色调子涂上，颜色不要过重，涂色时最好是由浅至深地进行，目的就是保留深入刻画的余地和画面的调整。

步骤四：这时的涂色要进行素描和色彩关系的处理，注重整体与局部的关系，虚实得当有致，注意空间气氛的营造，例如，光感气氛的营造效果及光影，加强物体立体效果的感觉。同时进一步修形，在此，不要急于表现马克笔的笔触。

步骤五：需要进行空间及物体的由整体到局部深入刻画和绘制，这一绘制阶段决定着最终的图面效果。这时，可更多地借助于彩铅、色粉笔、修正液等其他表现用具，并使其融入马克笔表现当中，禁止孤立地使用，并且继续着修形和画面调整的工作，直至最后的绘制完成。

如图 6-42 和图 6-43 所示为绘制步骤图和完成图。

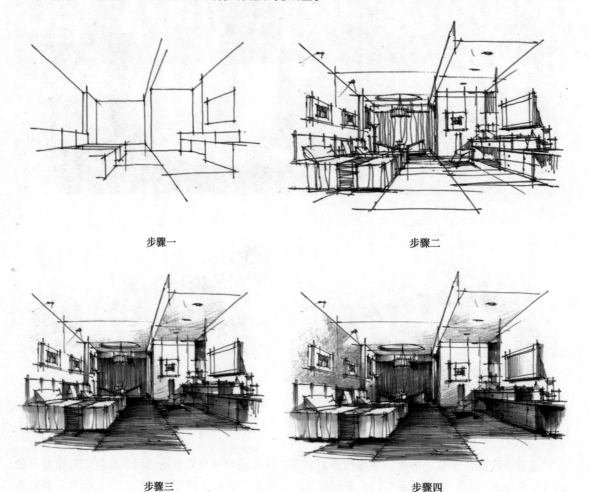

步骤一　　　　　　　　　　　　　　步骤二

步骤三　　　　　　　　　　　　　　步骤四

图 6-42　绘制步骤图例

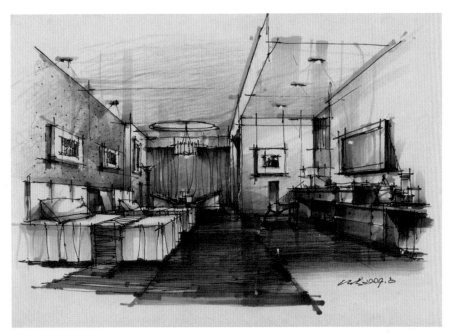

用时：35 分　材料：A4 复印纸、马克笔、彩铅

图 6-43　完成图

　　在计算机普及应用的今天，手绘表现无疑有着同样是重要的表现手段之一，因此，在课程体系中，大量应用手绘表现表达设计的方式，确是利多弊少的实践，而收效也是非常显著的。手绘表现有益于开拓设计思维，这本来也是美院学生的技术优势所在。

住宅室内设计作业

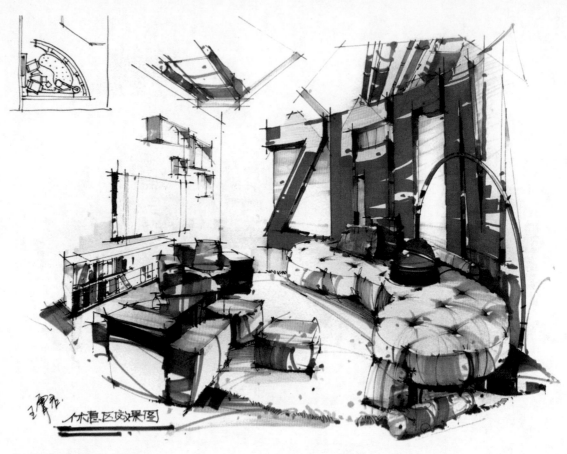

公共室内设计作业

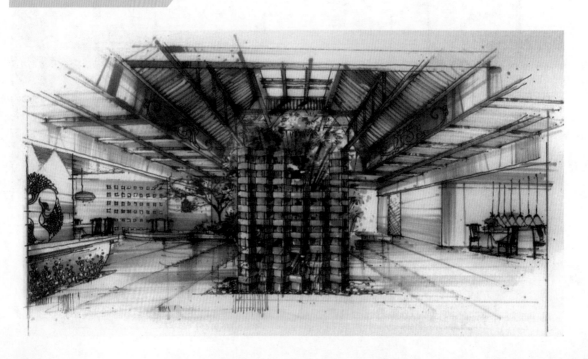

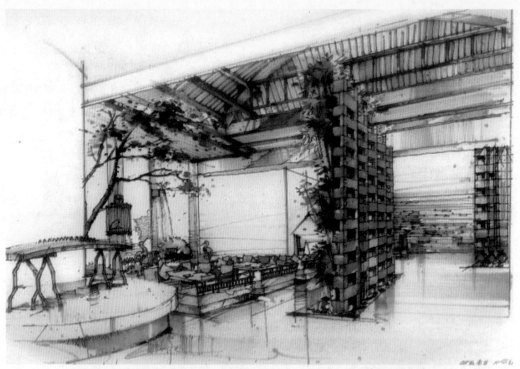

景观设计课堂作业

6.6　其他表现技法

专业设计表现图的表达方式确实是多种多样的，在前面章节中所介绍的几种技法都是具有代表性、典型性和潮流性的。而除此之外，还有一些表现技法，如彩铅表现、素描表现、综合与创意表现等，这里略作简要介绍。

6.6.1　彩铅表现技法

彩色铅笔表现技法不仅作为依附性表现方式进行辅助与补充表达，如配合马克笔、水粉、喷绘等技法的使用。同时，还是独立成型的一种表现技法，相对而言彩色铅笔表现技法掌握起来并不困难，运用得当的话，同样会取得良好的画面效果。

彩色铅笔表现技法的优势在于绘制过程极其简单，一般要求就是造型和色彩处理准确、合理，构图得当即可告成。其颜色稳定柔和，容易掌控，不会因涂色技法失误而产生紧张情绪，一旦画错修改起来很容易。不足之处是画面的视觉效果冲击力偏弱，不适于大尺寸表现图的绘制。总体来说，彩铅表现还是在辅助和补充其他技法表现，以及过程草图表现方面会发挥最佳的技术作用。

1. 彩铅表现技法的画材

单就水性彩色铅笔来讲，除普通型一种，还有水溶性彩铅。辨别彩铅优劣要看铅芯质地细腻程度如何，还有蜡的成分多少，以及颜色准度和附着力情况。一般情况下，颜色准确度高彩铅，质地细腻、含蜡少，其附着力相应会好些，就可界定为优质的彩色铅笔。市场中日产的樱花、三菱质量都还好用，分十二色、二十四色、三十六色、七十二色包装。水溶性彩铅易形成水彩画的效果，如图 6-44 所示。

图 6-44　彩铅图例

由于彩铅技法的涂色近似于铅笔素描，故此，纸张的选择要有一些纹理会更出效果，不要过于光滑。一般以水彩纸、素描纸为选择用纸，普通绘图纸也可以选用。其他工具就是打稿用的画板、铅笔和尺。

2. 彩铅表现技法介绍

彩铅表现的程序准备非常简单，由于无需大量的用水，画面也就不存在过度变形的问题，因而减少了纸张裱糊的环节，一般固定就可以了，接下来就是效果绘制。

彩色铅笔表现是一种易于掌握的技法，线条排列近似于素描，甚至可以没有素描排列那样严格，以颜色关系准确的目的为准，如图 6-45 所示。彩色铅笔可以不急不躁、从容不迫地使用，可以多色彩地叠加，不必像马克笔那样担心画面浑浊，从而变化为理想的颜色效果，形成具有效果独特的味道。表现形式上可以先画线框后涂色，也可以不勾线框，直接用彩铅涂色做关系。

图 6-45　彩铅用笔图例

在彩铅表现本身，加入水溶性彩铅会使彩铅表现技法手段更加丰富，大面积表现和局部描绘都可利用此技法，就是用水溶性彩铅涂出色块，用清水进行渲染，从而增加了水彩风范的感觉，其彩铅的塑造性会大大增强，利于物体表现进一步的深入刻画，如图 6-46 所示。

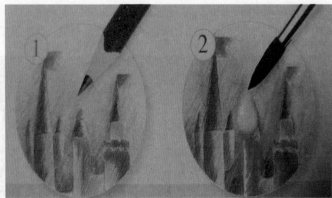

图 6-46　水溶彩铅图例

图例赏析

 ## 6.6.2　素描表现技法

素描就是用无色或单色进行物体表现描绘，对于具有绘画基础的设计师来讲，再熟悉不过了，掌控起来会轻松自如、游刃有余。设计表现效果图用素描技法来表现物体的造型、色彩及形态质感，会是一种高雅艺术的尝试。不管用素描技法来绘制设计表现效果图是否被接受，这种表现技法在徒手表现艺术中是存在的。而素描表现技法无论是粗犷的洒脱，还是纤细的精致，都会以一种特殊的味道使人留下记忆。

1. 素描表现技法的画材

素描表现的画材可以说怎样的准备就会有怎样的表现。例如，铅笔对应的是铅笔素描，钢笔对应的是钢笔素描，水彩、水粉及马克笔等颜料对应的是单色素描。当然，作为设计表现没有必要搞得过于复杂，可以根据自己的偏好而更单纯一些。纸张准备也是如此，素描纸、水彩纸、卡纸、绘图纸、打印纸都是可选择的表现用纸。

2. 素描表现技法介绍

素描表现程序极为简单，与彩铅表现近似，因不受水的干扰，更不需要纸张的裱糊。技法表现形式上差不多有三种：第一种是常规的素描明暗关系的画法表现物体形态，采用体面关系表现的手法，营造写实逼真的表现效果；第二种是用点画或线形排列的疏密表现体面的光影关系，这一种装饰性素描的手法更体现专业特性的味道；第三种就是完全用轮廓线形表现物体的造型、素描关系，但点线面体的各种关系依然存在，基本就是线框淡彩的墨稿，具有白描的特征。

从使用工具角度分类的话，结合上述的几种技法表现形式又会派生出铅笔素描和钢笔素描。两者相比较而言，铅笔表现会平和一些，优势在于铅笔素描修改起来非常方便、容易；而钢笔素描的线形绘制需要严谨仔细、灵活准确地表现，与马克笔一样，失误的笔触是不宜修改的，因此，一定做到胸有成竹才可动笔，否则就无法完成有效的绘制。为此，特别是较为复杂的环境空间表现，墨线勾勒之前的铅笔打稿是非常有必要的。还要提醒一下，素描的线、面表现可以采用全徒手，也可以依尺做线来进行表现。

图例赏析

6.6.3　综合表现技法

环境设计由诞生至今的这段时期，各个方面都发生着很大的进步和变化，其中设计表现效果图的发展更是如此。翻开手绘表现的发展历程，设计表现效果图已从早期的"建筑画"衍生为一个特殊的独立画种，虽然在行业的舞台上不断地进行着角色的转换，但它重要的功能和作用却是始终如一的，而设计的综合表现也充分说明了这一点。

1. 综合表现技法要点

无论是建筑画时期，还是作为特殊的独立画种阶段，设计表现效果图总能够在依托绘画技能的情况下，不断发展和更新自身技法和技能，继而形成一个崭新的绘画表现技术，这里面明显的存在着"综合性表现"特征。

了解了各种类别表现技法的不同特点以后，发现每种技法都还是存在较为完整而系统的一些独立的技法表现规律。经过详细的分析和了解后，就会产生客观的认识：例如，透明水色更适合大面积的涂色，这是由其技法特点所决定，而色彩重叠的次数不宜过多；例如，水粉颜色覆盖力很好，表现技法能充分地表现物体的光感和质感，且刻画深入细致，相对而言容易修改；例如，水彩颜色的颗粒细腻且水溶性好，而覆盖力一般，需要有很好的绘画技巧，注重绘制程序，绘制效果清新优雅；再例如，喷笔绘制在退晕、光感、增强空间层次等方面有着很大的优势；还有马克笔的灵动，彩色铅笔的平和，哪些技法适合刻画表现物体的暗部、阴影以及物体细部的质感纹理描绘等，哪一类型的技法表现都会存在优势与不足，这也是形成综合表现的基础和动力。因此，在画种的选择上，我们在有一定的侧重情况下，依据表现空间环境的不同特点，优化组合后选取适合的表现技法加入其中。

那么，所谓综合表现就是将各类技法综合起来运用。实践中，经常会出现这样的情况，就是设计师总有选择技法表现方式的偏好，即偏重某种技法为主，同时又加入其他技法于其中，形成多技法的综合表现。例如，选择水粉表现技法来表现，与此同时，加入了彩铅技法的补充效果，局部表现又有一些喷绘，还用马克笔加以点缀，这样完成的一幅专业设计表现效果图就是典型的综合表现。又如马克笔与彩铅、喷绘与马克笔、淡彩与喷绘等，综合表现其实是没有什么定式的，只有搭配的合情合理。

的确是这样，专业设计表现效果图本没有纯粹的综合表现的技法类别，但我们总是自觉或不自觉地按照"综合"方式实施着设计表现，随之以后就形成了一种技法表现的默契，究其原因还是综合以后的效果更佳，或许也是这一画种的独特魅力之所在。那么，我们在实践中，就可以根据需要采用一种适合的方式进行设计表现，结合专业表现效果图的特点，可以采用多种技法的形式综合表现，这样一来，使各类不同技法扬长避短，最终达到最佳的表现效果。如图 6-47 和图 6-48 所示为水粉喷绘与彩铅技法的结合图例。

<table>
<tr><td>图 6-47　综合技法图例 1</td><td>图 6-48　综合技法图例 2</td></tr>
</table>

2. 新型创意综合表现技法介绍

　　前面所讲的综合表现是针对传统的手绘表现技法，那么本节中所讲的综合表现是一种崭新的综合表现模式，具有创意性的综合表现技法。

　　过去由于条件的限制，通常我们设计表达的施工图、设计草图、方案效果图等，全部都采用手绘这种表现形式，这期间的确也不乏许多这方面的手绘表现大家和代表作品，而今，这些精神财富和成就对于手绘表现发展来说，做出了不可磨灭的巨大贡献。但是，尽管如此，这种表现方式从行业快捷、实用的特点要求和行业迅猛发展的态势来看，就显得有些不足，社会功能上需要转型和更新。那么，如今电脑制作技术早已适时地介入到这一行列中，并呈现出不可动摇的绝对优势，而手绘表现也以一种新的姿态和新的价值作用继续在设计表现领域中占据着重要的位置。值得注意的是，在实际的设计过程中，采取什么表达方式时切不可偏激，哪个阶段使用电脑制作，什么时候用手绘表现，是要讲究科学的。现在看来两种方法并用是合理的，这就形成了"幸福的烦恼"，共融与联合的新型创意应运而生。

　　其实无论手绘表现，还是电脑制作表现都离不开绘画基础的支撑，这是毋庸置疑的，也就是要有绘画艺术修养。手绘表现自有它的优势，电脑制图也必然有它的弱点，软件专家也在努力地研究、开发更靠近绘画效果的产品，诸如 SketchUp 软件、VRay、Brazil 插件等。这种信息体现出融合、创新的市场需求和唯美至上的观念。

　　所谓创意表现画法是在传统的表达方式基础上的创新，给人以清新、愉悦的感觉。手绘表现与电脑制作结合便是一种尝试，有一种半写半工的味道。那样，先要做好底稿的勾勒描绘（要有很强的绘画造型能力），然后经电脑处理，运用色彩原理进行渲染处理，达到两种表达方式的互补，尽量做到电脑制作真实与手绘表达意境的完美结合。顺便说一下，作为环境设计的设计表达技术，特别是电脑制作效果表现一定要注意画面的艺术性的塑造和意境的刻画，展现出艺术功力，切不可千篇一律。如图 6-49 和图 6-50 所示为技法课程作业图例。

图 6-49　作业图例 1

图 6-50　作业图例 2

　　回顾手绘设计表现的发展历程，从建筑画到表现效果图经历了多少表现技法上的更新、拓展和提高，那是由徒手表现到手绘与喷绘表现，再到手绘与计算机表现的演变过程。手绘设计表现是一条不断前进的发展之路。

图例赏析

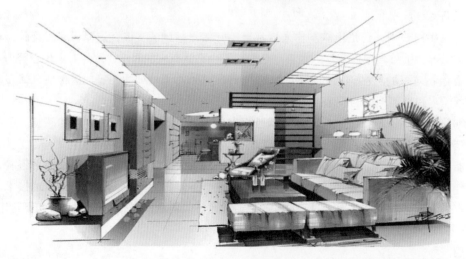

6.7 本章小结

本章详细地介绍了各类不同的表现技法，需要提醒的是，虽然表现技法略有不同、各具特色，那么，作为专业设计表现图还是有程式化的画法。这个"程式化"存在着明显的优点和不足，好的方面是充分体现自身独到的表现方式，步骤明确也容易掌握。同时，也存在着容易僵化、不思进取的情况，需要在练习中引起注意。

手绘设计表现效果图的表达方式多种多样，表现技法也因丰富多彩而尽显魅力，体验了水粉表现的代表性、线框淡彩的典型性、马克笔的潮流性等，从中了解了手绘表现效果图的历程，看到了其繁荣发展的巨大进步，也体会了每个表现技法之间千丝万缕的关系并充分证明了一点，就是表现技法的掌握没有绘画功底是很难做到的。

参考文献

［1］郑曙旸 . 室内表现图实用技法 [M]. 北京：中国建筑工业出版社，1991.

［2］（英）波特，尼尔著 . 建筑超级模型 [M]. 段炼，蒋方译 . 北京：中国建筑工业出版社，2002.

［3］冯信群，刘晓东 . 设计表达——景观绘画徒手表现 [M]. 北京：高等教育出版社，2008.

［4］陈学文 . 喷画形艺术 [M]. 黑龙江：黑龙江美术出版社，1992.

［5］赵乃龙 . 室内设计表现技法 [M]. 石家庄：河北美术出版社，2009.

［6］赵国斌 . 手绘效果图表现技法 [M]. 福州：福建美术出版社，2005.

［7］陈新生等 . 室内设计资料图典 [M]. 合肥：安徽科技出版社，2006.

［8］张汉平等 . 设计与表达 [M]. 北京：中国计划出版社，2004.

［9］罗佳等译 . 建筑构想 [M]. 北京：中国计划出版社，2010.

［10］余工 图，赵鑫珊 文 . 手绘剑桥大学建筑 [M]. 上海：文汇出版社，2013.

［11］（美）汉娜著 . 设计元素 [M]. 张乐山等译 . 北京：中国水利水电出版社，知识产权出版社，2003.

结 束 语

对于一门技能的掌握，必须要经历一个科学而严谨的培训过程，由感性认知变为理性的认识，再到实践的不断历练。这个过程不可偷工减料，也无任何的"捷径"可言，唯一的捷径就是正确、科学的学习方法。

手绘表现技法训练正是这样的过程，它绝不是一朝一夕、寻章摘句而成的，而要循序渐进、博采众长地静心研习。课程教学与专业设计的实践经验告诉我们，"手绘"表现的的确确有着广阔的空间，虽然画好手绘图很难，但是，只要能够树立必胜的信念，用准确的眼光，正确地看待手绘表现，自觉地尝试探究"手绘"表现的精髓，开拓思路与视野，不断地在实践中磨练与体味表现技法技能，相信经过不懈的努力，定会掌握娴熟的表现技法，画出漂亮完美的表现图，这样的日子不会太遥远 。

每当谈及伴随环境设计行业发展的设计手绘表现时，总会有一种刻骨铭心的感慨：那就是手绘表现对专业设计的发展壮大作出了巨大贡献，曾经是，现在是，将来还是⋯⋯

赵洄龙
2015 年于天津美术学院